国家蓝色碳汇研究报告

国家蓝碳行动可行性研究

胡学东◎主编

中国书籍出版社
China Book Press

图书在版编目（CIP）数据

国家蓝色碳汇研究报告：国家蓝碳行动可行性研究 /胡学东主编.
-- 北京：中国书籍出版社，2020.5

ISBN 978-7-5068-7837-1

Ⅰ.①国… Ⅱ.①胡… Ⅲ.①海洋—二氧化碳—资源管理—研究报
告—中国 Ⅳ.①P7

中国版本图书馆CIP数据核字（2020）第064316号

国家蓝色碳汇研究报告：国家蓝碳行动可行性研究

胡学东　主编

责任编辑	孙马飞	
责任印制	孙马飞　马　芝	
封面设计	东方美迪	
出版发行	中国书籍出版社	
地　　址	北京市丰台区三路居路 97 号（邮编：100073）	
电　　话	（010）52257143（总编室）　　　（010）52257140（发行部）	
电子邮箱	eo@chinabp.com.cn	
经　　销	全国新华书店	
印　　厂	北京睿和名扬印刷有限公司	
开　　本	787毫米×1092毫米　　1/16	
字　　数	120千字	
印　　张	9	
版　　次	2020 年 6 月第 1 版　　2020 年 6 月第 1 次印刷	
书　　号	ISBN 978-7-5068-7837-1	
定　　价	48.00元	

出版说明

2016年5月，原国家海洋局成立了"蓝碳工作组"，工作组的任务之一就是负责撰写国家海洋碳汇发展的政策性文件，供决策参考。撰写小组邀请了业内专家学者进行了广泛深入的研究，提出了制定国家蓝碳发展战略、国家蓝碳行动实施纲要等构想，经过专家们的反复讨论论证，大家一致认为，制定国家政策首先要本着摸清本底、数据详实、标准有据、理论可信、推论合理、建议可行的原则积极推进，就当时实际情况而言，应当首先组织力量研究编写《国家蓝色碳汇研究报告》。

《国家蓝色碳汇研究报告》的编写于2016年中开始启动，国家发改委能源研究所、中国科学院、中国海洋大学、厦门大学、青岛理工大学、农业农村部黄海水产研究所、国家海洋信息中心、国家海洋环境监测中心、第一、二、三海洋研究所等单位的专家学者参与了报告的撰写和讨论。

《国家蓝色碳汇研究报告（送审稿）》2016年11月完稿，同年12月，原国家海洋局在北京召开了专家评审会议，国家发改委、外交部、科技部、国家气象局、中国科学院、国家气候变化专门委员会、国家气候战略中心，以及清华大学、厦门大学等单位和科研院所的近30名专家学者莅临了会议。专家评审会原则通过了研究报告，并提出了修改意见和建议。

随后，按照原国家海洋局指示，在原国家海洋局发展与规划司的支持下，启动了研究报告的修改工作。2018年12月，完成了本研究报告的修订。

本报告的主要撰写人，第一章，胡学东、赵鹏；第二章、第四章，张永雨、张继红、杨红生、刘纪化、李捷、石洪华、张增虎、刘毅、奉杰、刘译蔓；

第三章，白雁、张永雨、张继红、李捷、张增虎、刘毅、奉杰、刘泽蔓；第五章，胡学东、刘纪化、于小桐；第六、七章，赵鹏、胡学东、万逸；引言、结语，胡学东。报告由胡学东负责统稿。

感谢唐启升院士、焦念志院士、王宏、石青峰、孙书贤、张占海、刘岩、赵昂、王秀梅等学者和领导对本报告的指导、关心、帮助和支持。

感谢管毓堂先生在材料收集、文稿格式调整和校对方面做出的工作。

感谢中国书籍出版社的编辑们对报告出版付出的辛勤劳动。

引　言

气候变化是当今人类社会面临的共同挑战。中国是全球最大的发展中国家，人口众多，自然条件复杂多样，极易遭受气候变化的不利影响。积极应对气候变化，是中国广泛参与全球治理、构建人类命运共同体的责任，更是实现经济社会可持续发展的必然要求。

海洋是地球上最大的碳库，生态系统初级生产力巨大，在应对气候变化中发挥着重要作用。中国是海洋大国，也是世界上最大的水产品生产国，海洋生态系统丰富多样，具有极大的增汇潜力。面向蓝色碳汇，我国相关研究已经走在世界前列，部分领域引领国际发展方向，具有推动世界蓝碳发展的优势条件。

中国政府高度重视蓝碳发展。"十三五"期间，《中共中央国务院关于加快推进生态文明建设的意见》《"十三五"规划纲要》《"十三五"控制温室气体排放工作方案》等均对发展蓝碳做出部署。2015年，原国家海洋局提出"推动实施蓝碳行动"，并于2016年5月成立蓝碳工作组，启动蓝碳研究工作。工作组按照王宏局长批示要求，在有关司局的配合下，开展了蓝碳汇总梳理工作；在有关科研院所、大专院校的支持下，开展了国内跨行业的蓝碳科研进展、产业发展的调研工作。工作组组织科研技术人员系统研究了国内外蓝碳研究和蓝碳行动的最新动态和最新成果，初步掌握了我国海洋碳汇的本底情况，深入分析了我国蓝碳潜力和增汇措施，提出了有关政策建议，经相关领域专家学者审校后，形成了本研究报告。

初步研究表明，我国蓝碳资源丰富，潜力巨大，"实施蓝碳行动"对于应对全球气候变化，推进生态环境改善和生态文明建设具有重大意义。我国应在国际蓝碳发展日新月异、全球蓝碳秩序呼之欲出之时，抢抓机遇，大力发展蓝碳事业，拓展面向海洋的蓝色碳汇新空间，讲述中国蓝碳故事，发出中国创新声音，增强我国在国际气候变化领域的话语权。

目　录
CONTENTS

一、中国发展蓝碳的背景

（一）蓝碳应对气候变化作用巨大

蓝碳，也称海洋碳汇，是利用海洋活动及海洋生物吸收大气中的 CO_2，并将其固定在海洋中的过程、活动和机制。2009 年，联合国环境规划署（UNEP）、联合国粮农组织（FAO）和联合国教科文组织政府间海洋学委员会（IOC/UNESCO）联合发布《蓝碳：健康海洋固碳作用的评估报告》（以下简称《蓝碳报告》）（图 1），确认了海洋在全球气候变化和碳循环过程中至关重要的作用。

图 1　《蓝碳：健康海洋固碳作用的评估报告》

海洋储存了地球上93%的CO_2，每年清除30%排放到大气的CO_2，是地球上最大的碳库和碳汇。海洋中的浮游植物和红树林、滨海沼泽、海草床等海洋生态系统是蓝碳的主要组成部分。据估算，海洋中的碳储量约为$3.9×10^{13}$t（吨），约为大气储碳量的53倍。海岸带植物生物量虽然只有陆地植物生物量的0.05%，但每年的固碳量却与陆地植物大体相当。滨海沼泽、红树林和海草床碳汇能力分别是亚马逊森林的碳汇能力（约1.02 t C/hm^2）的10倍、6倍和2倍，是世界上最高效的碳汇。在时间尺度上，与碳在陆地生态系统可储存数十年到几百年相比，埋藏在滨海湿地土壤中的有机碳和溶解在海水里的惰性无机碳可储存千年之久。研究表明，人类活动每年排放约50亿t CO_2，其中海洋可以吸收约20亿t，是陆地的3倍，科学研究表明，海洋固碳潜力巨大，是解决全球气候变化问题的关键。

工业革命以来，大气中CO_2等温室气体含量呈显著上升趋势，引发全球气候变化，造成一系列全球性环境和社会问题。控制和减少CO_2排放是应对全球气候变化的重要手段，保护、恢复和开发海洋碳汇能力，是当前缓解气候变化最具双赢性、最符合代价——效益原则的举措之一。开展蓝碳行动，有利于推进实施以生态系统为基础的海洋综合管理，对应对全球气候变化、促进经济低碳发展、保护海洋生态环境具有重要意义。

（二）国际社会积极推动蓝碳发展

自《蓝碳》报告发布以来，国际社会日益认识到蓝碳的价值和潜力。保护国际（Conservation International）和政府间海洋学委员会（IOC/UNE-SCO）等联合启动了"蓝碳倡议"（Blue Carbon Initiative），成立了蓝碳政策工作组和科学工作组，发布了《蓝碳政策框架》《蓝碳行动国家指南》《海洋碳行动倡议报告》等一系列报告。美国国家海洋和大气管理局（NOAA）从市场机会、认可和能力建设、科学发展和国家政策层面等几个方面提出了国家蓝碳工作建议。印度尼西亚在全球环境基金（GEF）的支持下实施了为期四年的"蓝色森林项目"（Blue Forest Project），建立了国家蓝碳中心，编制了《印尼海海洋碳汇研究战略规划》。此外，肯尼亚、印度、越南和马达加斯加等国已启动滨海沼泽、海草床和红树林的蓝碳项目，开展实践自愿碳市场和自我融资机制的试点示范。

目前，国际研究机构和国际组织正不断推进蓝碳计量标准和方法学的研究、出台和实施。《红树林碳汇计量方法》（AR-AM0014）的问世使得红树林碳汇实现了可计量、可报告、可核实，这一计量方法已被清洁发展机制（CDM）认可。核证减排标准（Verified Carbon Standard）发布了《滩涂湿地和海草修复方法学》，为海岸带生境修复领域的温室气体计量提供了依据。计量标准和方法学的逐步出台为蓝碳纳入国际气候变化治理体系奠定了基础。

（三）中国政府高度重视蓝碳发展

2016 年 11 月 4 日，《巴黎协定》正式生效，中国同 170 多个国家共同承诺在本世纪内把全球平均气温升幅控制在工业化前水平 2℃之内，并努力限制在 1.5℃之内。中国积极承担应对气候变化的国际责任，国家主席习近平在出席气候变化巴黎大会时代表中国做出 CO_2 排放 2030 年左右达到峰值并争取尽早达峰、单位国内生产总值 CO_2 排放比 2005 年下降 60% ～ 65% 的承诺。

新的形势对中国应对气候变化提出了更高要求。减排和增汇是减少温室气体增加的两种途径。中国认识到蓝碳在增加碳汇、缓解气候变化影响方面的重要作用，在《中共中央国务院关于加快推进生态文明建设的意见》、"十三五"规划《纲要》、《"十三五"控制温室气体排放工作方案》、《全国海洋主体功能区划》等多份重要文件中对发展蓝碳做出了战略部署（表1）。原国家海洋局积极贯彻中央精神，在 2016 年全国海洋工作会议上提出"推动实施蓝碳行动"并启动相关前期工作。总的来说，党和政府率先认识到蓝碳在应对气候变化中的重要作用，已开始在国家战略、政策层面部署蓝碳工作。十九大报告中指出："坚持陆海统筹，加快建设海洋强国。"中国正在深入贯彻绿色发展理念，加强海洋生态文明建设，探索低碳循环的海洋经济发展模式和政策制度，推进以生态系统为基础的海洋综合管理，不断满足人民群众对美丽海洋、洁净沙滩、蓝色海岸的需要。同时，以"一带一路"建设为牵引，积极构建蓝色伙伴关系，勇于承担大国责任，在应对气候变化、保护海洋生态环境等领域与其他国家开展务实合作，提供类似海洋碳汇产业发展等海洋公共产品，深度参与全球海洋治理，为国际海洋秩序向公平、公正、合理方向发展贡献中国智慧、中国方案。

表1 蓝碳相关政策文件

文件名称	相关内容
《中共中央国务院关于加快推进生态文明建设的意见》	将增加海洋碳汇作为有效控制温室气体排放的手段之一。
"十三五"规划《纲要》	加强海岸带保护与修复,实施"南红北柳"湿地修复工程、"生态岛礁"工程、实施"蓝色海湾"整治工程。
《"十三五"控制温室气体排放工作方案》	探索开展海洋等生态系统碳汇试点。
《全国海洋主体功能区划》	积极开发利用海洋可再生能源,增强海洋碳汇功能。
《"一带一路"建设海上合作设想》	与沿线国共同开展海洋和海岸带蓝碳生态系统监测、标准规范与碳汇研究。
《生态文明体制改革总体方案》	明确要求建立增加海洋碳汇的有效机制

(四)中国具备发展蓝碳有利条件

我国蓝碳发展自然条件优越,有近300万 km² 的主张管辖海域和1.8万 km 的大陆岸线,海洋生态系统多样,海洋生物资源丰富。据不完全统计,我国滨海湿地面积约为670万 hm²,是海洋碳循环活动极其活跃的区域,可分为滨海沼泽湿地、潮间砂石海滩、潮间带有林湿地、基岩质海岸湿地、珊瑚礁、海草床、人工湿地、海岛等。其中,红树林、海草床、滨海沼泽三大蓝碳生态系统广泛分布,红树林面积3.2万 hm²,分布于浙江以南海域;海草床面积3万 hm²,分布在全国沿海;滨海沼泽面积约1.2万~3.4万 hm²,在全国范围内广泛分布。此外,我国海水增养殖自然条件优越,海水养殖面积和产量多年稳居世界第一,15m 等深线以内的浅海滩涂面积1240万 hm²,海水养殖的空间潜力巨大。1997年《京都协议书》预计工业化国家减排 CO_2 的开支为150至600 \$ /t C,由此算来,仅中国浅海贝藻养殖的年碳汇贡献的经济价值就相当于1.8至7.2亿美元;按照林业碳汇计量方法,1999—2008年我国海水贝、藻类养殖对 CO_2 减排的贡献相当于新增造林面积500多万 hm²。中国浅海贝藻养殖不仅为人类社会提供了大量优质、健康的蓝色海洋食物,同时又对减排大气 CO_2 做出如此巨大的贡献,是一种双赢的人类生产活动。

我国蓝碳研究居于世界前列。据不完全统计,近10年来,科技部、环保部、中科院、国家自然基金委和海洋局先后安排了 30 余项涉及蓝碳的科研项目，催生出一批具有国际影响力的科研成果。在近海碳通量监测、不同类型滨海湿地植被的碳汇能力估算以及蓝碳形成机制等方面，我国科学家开展了大量前瞻性的研究工作，并积累了丰富的经验和资料。我国学者在国际上率先提出了"渔业碳汇"理论并付诸实践；率先提出了不依赖于颗粒沉降的海洋微型生物碳泵（MCP）理论，将占海洋生物量 90% 以上微型生物（浮游植物、细菌、古菌、原生动物）纳入蓝碳范畴；2008 年启动了基于遥感的中国海海气 CO_2 通量监测工作，研发了中国海碳循环遥感监测技术和卫星遥感海气 CO_2 通量监测软件，形成了较为成熟的海洋碳遥感立体监测系统；结合"一站多能"建设，构建了涵盖 162 个海洋站的中国沿岸 CO_2 监测体系，组建了气候变化与碳循环实验室，新建了 3 个海区碳分析实验室和数个岸、岛基站，配备了 5 个具有海-气 CO_2 交换通量监测功能的浮标，建立了 7 个近海海洋碳汇观测站。养殖藻类和贝类的碳汇计量方法和标准研究工作也已基本完成。我国科学家在开阔海域蓝碳研究方面走在世界前列。提出了海洋"微型生物碳泵"（MCP）储碳机制，为大规模实施海洋增汇地球生态工程提供了理论基础，与以往提出的"地球工程（Geoengineering）"不同，MCP 增汇是建立在生态系统可持续发展的基础上的生态调节理念。2014 年 8 月 11 日，在第 39 次中国科学院学部科学与技术前沿论坛暨海洋科技发展战略研讨会上，"中国未来海洋联盟"成立并正式推出"中国蓝碳计划"，并在我国"十三五"计划中得到了实施，三项国家重点研发计划"全球变化及应对"重点专项（2016YFJC050104 近海生态系统碳汇过程、调控机制及增汇模式、2016YFA0601100 海洋储碳机制及区域碳氮硫循环耦合对全球变化的响应、2018YFA0605800 海洋惰性有机碳的生物成因及其环境效应研究）系统开展了中国海碳汇过程和机制的研究。2018 年 8 月由保护国际基金会、国际自然保护联盟、联合国教科文组织政府间海洋学委员会联合发起的最具国际影响力的蓝碳合作机制之一——"蓝碳倡议"政策工作组和科学工作组国际会议联合发布了"威海宣言"，强调"微生物过程将溶解有机碳转化为难以利用或降解的惰性有机碳是海洋碳封存的重要机制"，呼吁加强近海生态系统和微型生物碳泵在近海碳循环和碳汇功能的研究，并就支持蓝碳生态系统研究、蓝碳政策发展、蓝碳国际合作以及中国和其他国家的蓝碳核算、管理和增汇试点工作等达成一致。目前微型生物碳泵概念已纳入政府间气候变化专家委员会（IPCC）的《海洋与冰冻圈特别报告》，有关的方法技术也在不断发展。

　　总体来看，中国广阔的海域、丰富的生物多样性、雄厚的产业基础和扎实的科研条件为发展蓝碳奠定了坚实的基础。目前，蓝碳评估标准和方法学体系已初步建立，处于世界领先地位的蓝碳基础研究支撑有力，蓝碳监测体系基本完善，推进蓝碳事业发展已形成共识。中国推动蓝碳的努力符合生态文明建设理念，不仅将促进海岸带生态系统恢复，也将对全球温室气体减排做出巨大贡献，并引领全球气候治理向新的领域发展。

二、中国蓝碳本底现状

中国海碳库：中国海碳库总量为167768.19TgC（图2）。中国海总溶解无机碳（Dissolved Inorganic Carbon，DIC）碳库164176.10TgC，渤海、黄海、东海、南海分别为36.95、422.01、844.50、162872.64TgC；中国海总的DOC碳库3459.49TgC，渤海、黄海、东海、南海分别为4.51、31.07、33.57、3390.34TgC；中国海总的颗粒有机碳库132.60TgC，渤海、黄海、东海、南海分别为0.52、7.22、6.91、117.95TgC。中国海与邻近大洋的碳交换为净吸收64.72～121.17TgC/yr。邻近大洋总输入的DIC通量为144.81Tg/yr，东海向西北太平洋输出DIC通量约35.00TgC/yr，邻近大洋向南海输入DIC通量约179.81TgC/yr；中国海有机碳年输出通量为58.64～80.09TgC/yr，东海、南海分别向邻近大洋输出通量为15.25～36.70TgC/yr和43.39TgC/yr。中国海的有机碳输出以溶解有机碳（DOC）形式为主，通量为46.39～66.39TgC/yr，东海、南海分别向邻近大洋输出通量为15.00～35.00TgC/yr和31.39TgC/yr；中国海输出POC通量为12.25～13.70TgC/yr，东海、南海分别向邻近大洋输出通量为0.25～1.70TgC/yr和12.00TgC/yr（Jiao et al., 2018c）。

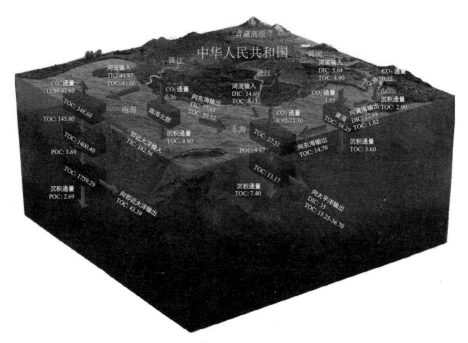

图 2 中国海主要碳通量的综合框算

注：白色框内代表碳库；箭头代表海气、碳输出、碳沉积和碳交换通量，单位 Tg C/yr。（Jiao et al., 2018c）

（一）海岸带蓝碳生态系统

1. 海岸带蓝碳概况

（1）概念与机理

"海岸带蓝碳"（Coastal Blue Carbon）介于海洋蓝碳和陆地绿碳之间，主要由红树林、滨海沼泽和海草床等生境捕获的生物量碳和储存在沉积物（或土壤）中的碳组成。近十多年，基于人们对海洋生态系统及海岸带生态系统碳汇能力的研究，"蓝碳"的研究重心已偏向于海岸带及陆架海"蓝碳"。虽然海岸带植物生物量只有陆地植物生物量的 0.05%，但其每年的固碳量却与陆地植物固碳量基本相当。可见，海岸带蓝碳生态系统在减缓全球升温中起到了多么重要的作用。

海岸带蓝碳吸收、转化和保存的过程是一系列复杂的生物、物理和化学过程，涉及海陆交换，植物、动物和微生物的相互作用，以及碳通量和库存量的动态时空变换。

　　海洋中的碳主要以碳酸盐离子的形式存在，如溶解无机碳（DIC）、溶解有机碳（DOC）、颗粒有机碳（POC）以及生物有机碳（BOC）。海洋碳循环中最重要的两个过程是物理泵和生物泵。物理泵指发生在海 - 气界面的 CO_2 气体交换过程和将 CO_2 从海洋表面向深海输送的物理过程，生物泵指浮游生物通过光合作用吸收碳并向深海和海底沉积输送的过程。海洋碳循环的碳通量的估算过程如图 3 所示。

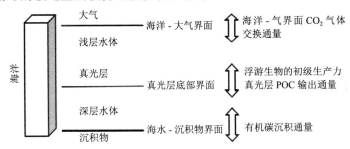

图 3　海洋中各界面碳通量示意图（Yu，2010）

　　海 - 气界面 CO_2 交换通量代表海洋吸收或放出 CO_2 的能力。CO_2 进入海水后，在真光层内通过浮游生物的光合作用转化成有机碳，其中大部分有机碳停留在上层海洋中通过食物链进行循环，小部分以 POC 沉降颗粒物的形式从真光层输出而进入海洋深层水体。这部分通过生物泵向深海输送的碳，由于其与大气隔绝，可在百年乃至更长的时间尺度上影响大气 CO_2 含量。从真光层向深海输送有机碳的过程中，大部分有机碳被微生物分解还原为 CO_2，只有很小一部分能被埋藏在海底沉积物中长期封存。在一定时间尺度内，海洋"生物泵"引起的沉积有机碳埋藏可以认为是海洋碳元素的最终归宿，因而海洋有机碳的沉积通量可认为是海洋碳汇作用的最终效应。

　　海岸带蓝碳吸收、转化和保存的过程是一系列复杂的生物、物理和化学过程，涉及海陆交换，植物、动物和微生物的相互作用，以及碳通量和库存量的动态时空变换。（图 4）

图 4　海岸带蓝碳过程示意图（唐剑武等，2018）

在海岸带湿地蓝碳生态系统中，存在植物光合作用、动植物呼吸作用、微生物分解作用，由于该生态系统的植物光合作用量很大，而呼吸作用及分解作用量很小，所以其固碳能力很大。其储碳机理主要是在沉积物厌氧环境对有机质分解的抑制作用下，大量植物残体能够被较长期的保存。其中，滨海沼泽、红树林和海草床等具备很高的单位面积生产力和固碳能力，是海岸带蓝碳的主要贡献者，其在抑制大气 CO_2 升高、缓解全球变暖方面发挥着重要作用。

（2）研究意义

中国经济高速增长，使得我国成为全球 CO_2 排放总量最多的国家，仅靠减少排放量难以实现控制 CO_2 排放的目标。因此，我们需要对海岸带蓝碳生态系统碳汇潜力进行挖掘、维持与提升，寻求经济有效的途径，实现控制 CO_2 排放的目标。

中国拥有大陆海岸线 1.8 万公里，岛岸线 1.4 万公里。近海自然海域总面积达 470 多万平方公里，我国滨海湿地面积约为 670 万 hm^2。其中，红树林主要分布于广东、广西和海南三省（区）；海草床主要分布于山东省、海南省；滨海沼泽则主要分布于杭州湾以北的沿海区域。

中国海岸带湿地碳汇潜力巨大，但我们对其了解还仅停留在各生境的定性认识方面，因此我们需要对其进行定量分析、系统研究和宏观评估，结合国内外蓝碳研究现状及其发展趋势，深入研究海岸带蓝碳累积过程，寻求有效可行的增汇机制，为国家制订应对全球气候变化策略与政策提供科学依据。

（3）研究方法

滨海沼泽湿地、红树林和海草生态系统碳库主要包括植被碳库（包括地上和地下部）、土壤和底泥的碳库、水体生物量。植被地上、地下部分生物量主要通过植物各部分生物量干重乘以相应碳转换因子得到生物量碳汇。土壤碳含量可以通过总碳分析仪测定。目前碳库测量以多深的土壤为标准还没有一个通用的标准，所以在统计时必须汇报土壤深度。红树林和海草生态系统碳库计算较滨海沼泽生态系统稍显复杂。目前，海岸带蓝碳系统的政策与科学研究尚未形成，根据文献参考所提及的研究手段和我们的实际勘查活动，发现海岸带蓝碳研究手段与海岛固碳估算方法相类似，本报告参考了海岛固碳估算方法。

根据研究对象的时空尺度和现有的研究手段，大体将森林生态系统的碳储量评估方法分为三类（程鹏飞等，2009）：样地清查法、模型模拟法和遥感估算法。样地清查法是最基本、最可靠的方法，但只能应用于小尺度的研究；要解决大尺度上森林固碳评估的问题，必须借助模型模拟法和遥感估测法。模型是研究大尺度森林生态系统碳循环的必要手段，适于估算一个地区在理想条件下的碳储量和碳通量，但在估算土地利用和土地覆盖变化对碳储量的影响时存在很大困难。近些年来，遥感及相关技术（GIS、GPS等）的发展和应用为解决这一问题提供了有效方法。

近年来，在草地碳循环方面的研究主要通过定位监测、样带观测及国家尺度上进行分析。为了评估草地生态系统碳库及其动态变化，需要对草地生物量进行评估和测算。然而不同研究给出的估算值存在很大差异。尽管野外调查获得实测的生物量数据比较可靠，但很难在整个研究区内进行大范围比较均匀地实地调查取样。由于草地生物量分布的空间异质性较大，如果简单地利用有限的实地调查所获得的平均生物量数据来推算整个区域的生物量则可能产生较大误差。此外，草地植被的根冠比（R：S）是估算草地地下生物量的最常见方法之一。然而由于草地根冠比数据十分缺乏，基于有限的根冠比数据估算的地下生物量可能会产生较大误差。

土壤固碳主要受几大碳过程变化的控制，如凋落物输入，凋落物分解，细根周转和土壤呼吸。土壤碳储量和其动态变化的科学估算的准确性受限于土壤呼吸过程的理解程度和土壤与全球二氧化碳变化之间相互作用关系。因此，研究者需要清楚掌握控制土壤有机碳化学性质、形成过程和稳定固持的关键机制，并且包括增加土壤固碳潜力和持续固碳能力的技术和方法。当前土壤固碳的计量方法主要有长期定位实验结果外推法、历史观测数据比较法、土地利用方式对比法和土壤有机碳（SOC）周转模型法等4种方法，其中长期定位实验结果外推法是土壤固碳评估研究中应用最多的方法。对草地、土壤碳循环研究的进展，催生了滨海湿地生物碳汇理论的逐步成熟。

2. 红树林蓝碳现状分析

（1）红树林分布现状

红树林是指热带海岸潮间带的木本植物群落，曾占据75%的热带海岸带。受人类活动影响，全球红树林面积呈缩减趋势，1980~2000年间，全球红树林以每年2.1%的速度消失，面积减少了35%（Kauffman等，2009）。虽然，近些年全球红树林面积缩减速率呈降低趋势，但2000—2005年间仍以0.66%的速率消失（Kuenzer等，2011）。目前，全球红树林总面积约1380~1520万 hm^2（Duarte等，2005a；Giri等，2011），主要分布于南、北回归线之间，124个国家，局部地区受暖流的影响可延伸至北纬32°到南纬44°红树林地处海陆交错带，系统缓冲能力弱，极易遭到破坏，破坏后很难恢复原状。（图5，图6）

图5 红树林（右侧水下部分为海草床）

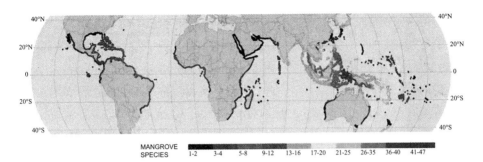

图6 世界红树林分布（中国红树林保育联盟，2015）

http://blog.sina.com.cn/s/blog_65cf2f3e0102vn7s.html

中国现有真红树植物27种，半红树植物12种，在广东、广西、海南、福建、台湾、香港和澳门等省区自然分布（表2），近期浙江省经人工引进也有少量分布。一般认为，我国红树林面积在历史上曾达25万 hm^2，20世纪50年代为4.2万 hm^2，2000年为 $2.2 \times 10^4 hm^2$，与全球红树林呈下降趋势相比，2000至2010年，红树林面积增加到20776 hm^2；2010至2013年，短短3年内，中国红树林增加迅猛，面积由20776 hm^2 增加至32834 hm^2，增幅达到了58%。

表2 我国红树林分布信息

省份	面积（ha）	具体分布
海南	4033	主要分布于东寨港、清澜港、花场湾、新英湾和后水湾
广东	12039.80	主要分布于湛江市、水东港、海陵湾和镇海湾等地
广西	7243.15	主要分布于珍珠湾、防城港东湾和西湾、廉州湾等地
福建	1648	主要分布于漳州市、厦门市、泉州市、福州市和宁德市
台湾	483	主要分布于淡水河口，北门沿岸和高屏溪河口，零星分布于新竹、嘉义和高雄沿岸
浙江	318	主要分布于温州沿岸地区、台州椒江区、云飞江口地区

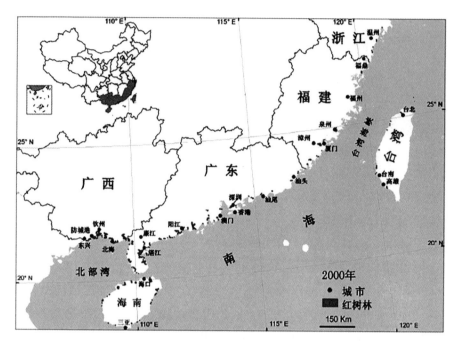

图 7 2000 年中国红树林分布图（贾明明，2014）

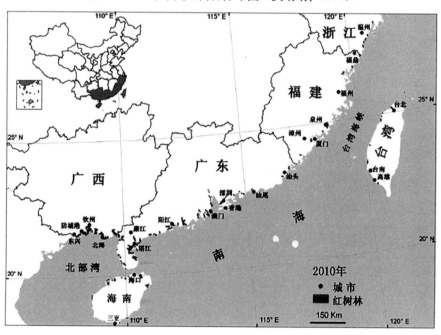

图 8 2010 年中国红树林分布图（贾明明，2014）

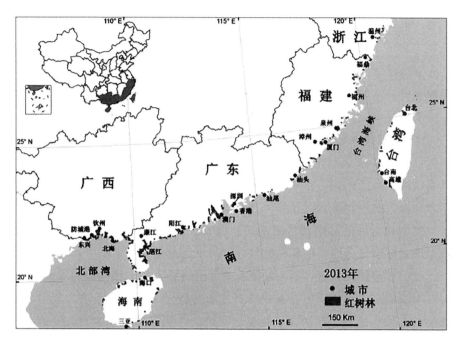

图9　2013 年中国红树林分布图（贾明明，2014）

（2）红树林研究进展

国际上对于红树林的研究兴起较早，且多集中在世界范围内红树林分布和碳汇量研究以及红树林资源破坏与保护等方面的研究。例如，Giri 等调查了全球热带和亚热带地区 118 个国家的红树林分布情况，其中大约有 75% 的红树林主要分布在 15 个国家，大部分的红树林分布在南北纬 5°之间。Alongi 等的研究表明由于全球气候变化可能会导致全球 10%～15% 的红树林消失。Ray 等调查了印度 Sundarbans 地区 4264 km² 红树林的碳储量为 21.13TG，虽然面积较少，其碳储量却占据印度森林总碳储量的 0.14%。Linwood 等估计随着沿海生态系统（沼泽、红树林和海草）的退化，每年有 0.15 至 1.02Pg 亿 t 的二氧化碳被释放到大气中去，导致每年经济损失 60 至 420 亿美元。Friess 等对新加坡红树林受损原因及增汇措施进行了研究。此外还有涉及不同影响因子对碳汇能力的影响等一些较为深入的研究方向。

国内对于红树林的研究也多集中于红树林分布及碳汇量研究以及红树林资源破坏与保护等方面。如，贾明明利用遥感技术对我国红树林分布及面积变化的分析；张莉等中国红树林的平均碳汇能力在 209 至 661g C m⁻²a⁻¹。

此外，也有对于红树林不同树种碳汇能力研究等一些较为深入的研究，如，金亮等24年生的秋茄林与48年生的秋茄林年净固碳量分别为1851、701g C m^{-2}a^{-1}。国内对红树林研究发展较早所涉及的研究领域广泛，主要有保护策略研究、生物生态学、经营管理、生物环境、病虫害防治、资源调查等方面的研究。

（3）红树林碳汇分析

红树林根系碳循环周期长，土壤有机碳分解速率低，碳储存时间长，具有很高的碳汇能力。红树林碳库的组成包括初级生产力（包含凋落物、树木和根系的生物量）以及红树林土壤固定的碳。

红树林湿地的总碳储量由两部分组成：一部分储存于植物体内，包括地上部分植物体、地下根和枯枝落叶；另一部分储存在土壤中。

红树林湿地碳储量、碳汇的研究方法分为植被与土壤两方面的研究。

对植被碳储量研究方法有：异速生长方程法、遥感反演法。其中，异速生长方程法是测定红树林生物量最常用的方法。红树林生物量碳储量是通过测定植被生物量来实现的，在生物量的基础上乘以植被含碳系数来计算其碳储量。早期的研究中通常选择系数0.45，目前国际上多采用系数0.5。根据联合国政府间气候变化专门委员会（IPCC）计算标准，物量碳储量是使用所测得生物量峰值同时乘系数0.45与0.5。其中，系数0.45是将有机质质量转换为碳质量；系数0.5是平均年峰值生物量（因子＝1）和年最小生物量（因子＝0，假设短暂的地上生物量和完全凋落物分解）的平均因子。

对于土壤碳储量的研究方法有：直接测量法、土壤模型法。直接测量法是土壤碳储量研究中基础的方法。它是根据实地土壤剖面取样，直接测定各土层的有机碳含量，然后采用加权的方法计算整个土壤剖面的有机碳含量，再用面积求出整个红树林湿地的土壤碳储量。土壤模型法是近几年测定土壤碳库的热门方法，即通过模拟土壤有机碳输入量和输出量，研究土壤有机碳储量及其变化。

由于，所选采样地区红树林生态系统的不同，研究方法的不同，以及计算方法的不同等诸多因素最终会导致对红树林湿地碳储量、碳汇的统计结果的差异。对于世界以及国内的碳汇量的数据如下，主要数据统计如表3所示。

表3　中国和世界的红树林碳汇

指标	世界	中国
面积（万 hm^2）	1380～1520	3.2834
总储碳量（亿 tCO_2）	147.9	0.2327～0.2745
碳埋藏速率（$tCO_2/hm^2 \cdot a$）	6.39	6.86～9.73
年碳汇量（万 tCO_2/a）	51400～108600	27.16

Duarte 等，2005；Giri 等，2011；贾明明，2014；Twilley 等，1992；王秀君等，2016；Mcleod 等，2011；Bouillon 等，2008

全球红树林生物量总碳储量为147.9亿 tCO_2。不同地区红树林的碳汇能力不同，随纬度升高，红树林湿地植物碳储量降低。其中，赤道附近红树林储存了99.82亿 tCO_2，$10°$—$20°$ N 之间的红树林碳储量为36.7亿 tCO_2，而 $20°$ 至 $30°$ N 之间碳储量只有10.64亿 tCO_2。也有数据表明，全球红树林湿地每年的碳汇为6.6亿 tCO_2，其中固定在植物体内5.87亿 tCO_2，由沉积物固定0.73亿 tCO_2（Twilley 等，1992）。若以全球红树林面积160000km^2 保守估计，得出全球红树林每年净吸收碳（8±2.86）亿 tCO_2，并且大约50%的碳可能被忽略而未被计算在内。全球红树林地上部分及土壤每年可以固定8.37亿 tCO_2，碳汇能力为热带雨林的50倍。

我国红树林的净初级生产力为23.78至87.49$tCO_2/hm^2·a$，与国际上的研究报道较为相似。全国红树林植被碳库密度为310.52tCO_2/hm^2，土壤碳库（地下1m）密度为992.33tCO_2/hm^2。我国不同地区红树林的碳汇能力在 6.86～9.73$tCO_2/hm^2·a$。也有文献表明，我国红树林湿地土壤的固碳速率最高可达16.3$tCO_2/hm^2·a$，总固碳量403.7tCO_2/a，中国红树林碳储量为0.2327～0.2745亿 tCO_2，中国红树林每年的平均净固碳量超过7.34tCO_2/hm^2，高于全球平均水平6.39$tCO_2/hm^2·a$。

被低估的情况并不鲜见，有研究者对佛罗里达州和巴西亚马逊等地区的红树林土壤进行了研究，发现部分海岸带地区的蓝碳被低估了50%，除此之外，研究者还发现一些沿河三角洲地区蓝碳则被高估了86%。

3. 海草床蓝碳现状分析

（1）海草床分布现状

海草是地球上唯一一类可完全生活在海水中的沉水开花植物。海草床即由海草形成的广阔草场，是地球上生物多样性最丰富、生产力最高的海洋生态系统之一。海草床分布于除南极以外的 -6m 浅海水域，最大水深可达 90m。全球的海草床面积约为 1770 至 6000 万 hm² （图 10 和图 11）

图 10　海草床

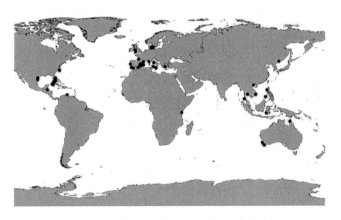

图 11　世界海草床分布（Kennedy 等，2010）

我国海草分布范围广（表 4，图 12），类型多样，从辽宁到南沙群岛沿岸均有分布，基于我国海草分布的海域特点，我们将我国海草分布区划分为两个大区：中国南海海草分布区和中国黄渤海海草分布区。南海海草分布区包括海南、广西、广东、香港、台湾和福建沿海；黄渤海海草分布区包括山东、河北、天津和辽宁沿海。南海海草分布区已查明的海草有 15

种，优势种为喜盐草；黄渤海海草分布区的海草有 9 种，优势种为大叶藻。受人类活动的影响，我国海草床退化严重，与 1950 年相比，超过 80% 退化甚至消失。根据国家科技基础性工作专项重点项目"我国近海重要海草资源及生境调查"调查发现，我国现存的海草床面积约 8700hm²。

表 4 我国海草床分布信息

省份	面积（ha）	具体分布
海南海草场	5634.2	主要分布在东部沿岸，西部沿岸零星分布
广东海草场	975	主要分布于湛江市流沙湾（900ha 以上）
广西海草场	942.2	主要分布于北海市、防城港市、钦州市
台湾海草场	820	主要分布在本岛西部、南部与各离岛的浅海环境中
香港海草场	4	主要分布于白泥、荔枝窝、散头、阴奥等地
山东海草场	不足 300	主要分布于荣成市（月湖、桑沟湾、俚岛湾）
辽宁海草场	100	长海县（獐子岛、海洋岛）

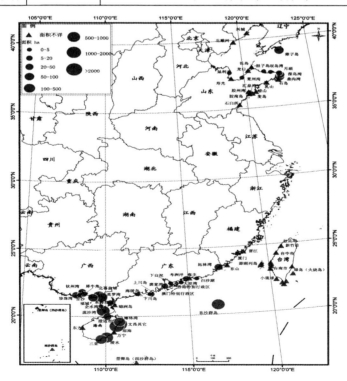

图 12 中国主要海草床分布图（郑凤英等，2013）

（2）海草床研究进展

国外开展对于蓝碳以及海草床的研究远早于中国，像北美、欧洲以及澳大利亚等，但也只是个别的工作者有深入研究，其中不乏一些对全球海草床碳储量以及修复问题的研究。Garrard 等研究了海洋酸化对海草床上碳储存和整合的影响，评估了海洋酸化会如何影响其未来固碳能力，并提供这些变化的经济评价。Campbell 等对阿拉伯联合酋长国阿布扎比海岸的海草床进行了碳储量的研究，丰富了蓝碳"数据库"，填补了作为海草床代表地区无具体数据的空白。Kenworthy 等利用野生鸟类施肥和沉积物改良恢复热带海草床，这一修复方法为在佛罗里达州南部和加勒比地区碳酸钙基沉积物中的最佳实际应用提出了具体建议。

20 世纪 70 年代末 80 年代初，杨宗岱在我国海草生态学和植物地理学研究领域作了开拓性的工作，但是此后海草研究在我国处于停滞状态，使人们对全国海草床资源的家底不清楚。直到 2003 年，中国科学院南海海洋研究所的黄小平等在联合国环境规划署／全球环境基金（UNEP／GEF）项目的资助下，对我国华南地区主要海草的分布、种类、生物量、生产力和所面临的主要威胁等进行了较为系统的研究，掌握了一些基本资料；韩秋影等也对广西合浦海草床生态系统服务功能价值进行了系统评估。近年来随着蓝碳问题的逐渐热门化，研究者也随之增多。郑凤英等对中国海草床的分布做了一系列的统计并提出了一些修复建议；高亚平等对桑沟湾大叶藻海草床生态系统碳汇扩增力做出了估算；江志坚等在我国南海海南岛沿岸发现 8 个新的海草床，总面积达 203.64 公顷；刘松林等研究了海草床沉积物储碳机制及其对富营养化的响应。总体上看，我国与北美、欧洲和澳大利亚等海草保护与研究较为先进的地区相比，中国的海草研究尚处于起步阶段，未来在海草种类与分布的深入调查、海草生态与生理学适应机制、海草床的保护与修复，特别是海草研究队伍的建设等方面仍然需要开展大量的工作。

（3）海草床碳汇分析

海草床具有很高的碳汇能力，这得益于海草床自身的高生产力、强大的悬浮物捕捉能力以及有机碳在海草床沉积物中的相对稳定性。从世界范围看，海草床储藏了 70 至 237 亿 tCO_2，平均碳埋藏速率 3.67 至 6.46tCO_2/$hm^2 \cdot a$，每年埋藏 6496 至 38760 万 tCO_2（Kennedy 等，2010）。我国海草床碳库储碳量约 0.035 亿 tCO_2，以世界海草床碳埋藏速率估算，我国现存海草床每年固定 3.2 至 5.7 万 tCO_2。（表 5）

表 5　中国和世界的海草碳汇

指标	世界	中国
面积（万 hm^2）	1770~6000	0.87651
总储碳量（亿 tCO_2）	70~237	0.035
碳埋藏效率（$tCO_2/hm^2 \cdot a$）	3.67~6.46	3.67~6.46
年碳汇量（万 tCO_2/a）	6496~38760	3.2~5.7

Duarte 等，2005b；郑凤英等，2013；Kennedy 等，2010；Howard 等，2014

4. 滨海沼泽蓝碳现状分析

（1）滨海沼泽分布现状

滨海沼泽是指海岸带受潮汐影响的覆有草本植物群落的咸水或淡咸水淤泥质滩涂。滨海沼泽在全球的分布广泛，通常位于盐度较高的河口或靠近河口的沿海潮间带。具有很高的生产力、丰富的生物多样性和极为重要的生态系统服务功能。在全世界范围，估算的滨海沼泽面积约 220 至 4000 万 hm^2。（图 13 和图 14）

图 13　滨海沼泽

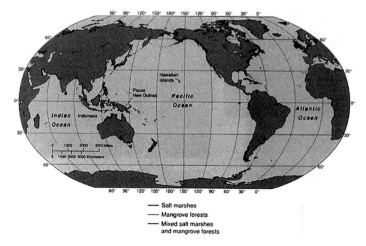

图 14　世界滨海沼泽分布（童春富，2016）

https://wenku.baidu.com/view/9e247f0b524de518974b7de2.html

滨海沼泽是我国主要的海岸带植被群落类型之一，在沿海各省均有分布，北方滨海沼泽群落以芦苇、碱蓬、柽柳等为代表，南方以茳芏、芦苇、盐地鼠尾粟、海雀稗等为代表。全国滨海湿地的芦苇滩、碱蓬滩、海三棱藨草滩和互花米草滩的总面积至少为 1206.54km^2；另据对我国滨海沼泽、潮间带和河口三角洲面积的计算，并减去同时期的红树林面积，共计 3434km^2。因此，初步估算，我国滨海沼泽面积范围在 1207 至 3434km^2。近些年受疏浚、围填海、排水和道路建设影响，滨海沼泽生态系统消失速度加快。

我国滨海沼泽湿地主要分布在鸭绿江口、辽河口、黄河口和盐城等地，其中沿海滩涂滨海沼泽湿地面积约 1717km^2，内陆沼泽约 22369km^2（图 15）。

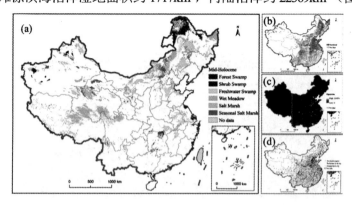

图 15　中国滨海沼泽分布（中国科学院东北地理与生态研究所，2018）

（2）滨海沼泽研究进展

滨海沼泽湿地是滨海湿地的重要组成部分，是地球上生产力最高的生态系统之一，有着较高的碳沉积速率和固碳能力，缓解全球变暖方面发挥着重要作用。同时，滨海沼泽湿地还具有物质生产、生物栖息、净化水体、干扰调节等众多生态服务功能，有较高的生态及经济发展价值，一直倍受国内外学者的广泛关注。

目前，多数国家都对本国滨海沼泽湿地进行了全方位的研究。其中Lindegaard 等对滨海沼泽湿地中底栖动物与湿地生态系统和水生生态系统的结构、功能及生态过程关系进行了探究；Shaler 等则针对湿地植被如何塑造沿海地貌形态及湿地植被是否可以用于海岸保护做了大量研究，提出海岸带滨海沼泽植被具有保护沿海生境、抵御风暴、控制侵蚀的能力。Silliman 和 Neubauer 等在美国南卡罗来纳州沼泽湿地、弗吉尼亚州东海岸开展了滨海沼泽湿地生态系统 CO_2 交换研究，在环境、生物、潮汐等影响因子变化对生态系统 CO_2 收支的影响机制方面取得了一系列进展。

国内大多把湿地作为碳汇单独研究，相关研究成果大多来自沼泽、湖泊、河流湿地。目前，国内根据湿地生态系统 C 循环研究目的的不同，对于滨海沼泽湿地碳汇的研究主要集中在以下几个方面：（1）对湿地碳封存的测定、探讨湿地的"源""汇"现状与潜力（段晓男等，2008）。（2）对湿地 CO_2 排放过程及动态变化的监测讨论（仝川，2011）。（3）探讨光热因子、水文要素、植被因子、人类活动对湿地碳收支的影响及对全球变化的响应等。

（3）滨海沼泽碳汇分析

有多种技术可用于监测和核查湿地碳通量和碳贮存：与水流有关的碳收支可以通过监测水流的体积和碳浓度而得到；植被从大气中吸收 CO_2 实现的碳固定量则可以通过地上、地下生物量的积累来测定；通过稳定同位素监测碳的来源与周转可以研究碳素在碳循环过程中的动态；土壤有机碳的降解可以沿着碳素从植物和藻类的死亡至有机质和埋藏到沉积物中的路径进行研究；对于气体交换的研究主要是测量呼吸与降解作用产生的 CO_2、CH_4 流失量；对土壤剖面的取样调查则可以得到湿地沉积物中碳的储备。

目前，国内主要采用涡度协相关法、箱法及稳定同位素法来对滨海沼

泽湿地碳通量、碳储存等环节进行研究:

在我国的长江口崇明东滩湿地,建有基于涡度协方差技术的通量监测塔,研究者可以通过地面监测、遥感分析和模型模拟等研究河口湿地碳通量的变化及其影响因子,这是国内目前最先进的滨海湿地碳通量观测和研究技术。箱法是一种估测生态系统要素中净碳交换的传统方法,是观测土壤碳通量的的常用方法,尽管已经有众多可行的技术用于研究湿地碳循环及其各个细节,但是,如何快速而准确地评估滨海沼泽碳储存,及简单而有效地监测碳储量随时间的变化,对碳循环科研群体来说仍是个重大挑战。

滨海沼泽通常具有很高的净初级生产力,几乎不产生甲烷。滨海沼泽植物地上部分枯死后,会出现大面积倒伏并被快速掩埋,潮水的浸润有利于有机物质在土壤中积累并形成有效的碳汇。然而,人类活动干扰并破坏了滨海沼泽,加速土壤有机碳分解,导致碳库急剧减小。在全球范围内,滨海沼泽储藏了 18.72~374.34 亿 tCO_2,平均碳埋藏速率为 7.12~8.88tCO_2/$hm^2 \cdot a$,每年碳汇量 28479.2~36186.2 万 tCO_2。我国滨海沼泽碳库储碳量约 1.12~3.18 万 tCO_2,以世界滨海沼泽碳埋藏速率估算,我国现存滨海沼泽每年固定 96.52~274.88 万 tCO_2(表6)。

表6 中国和世界的滨海沼泽碳汇

指标	世界	中国
面积(万 hm^2)	220 ~ 4000	12 ~ 34
总储碳量(亿 tCO_2)	18.72 ~ 374.34	1.12 ~ 3.18
碳埋葬效率($tCO_2/hm^2 \cdot a$)	7.12 ~ 8.88	8.65
年碳汇量(万 tCO_2/a)	28479.2 ~ 36186.2	96.52 ~ 274.88

滨海沼泽湿地在全球碳封存中的重要性近年来备受关注,这也引发了相关研究的快速发展,同时增进了人们对于滨海湿地碳动力学和相关生物地球化学过程的了解。但仍存在一些局限性。

1)对滨海沼泽湿地土壤有机碳在时间、空间上的分布大部分仅进行简单的特征描述,只考虑部分环境因子对滨海沼泽湿地碳通量的影响。

2)目前对控制滨海沼泽湿地碳储存变异的基本因素尚未认识充分,这就需要特定的研究去完善人们的理解,加强对蓝色碳汇价值的认识。

3）测量滨海沼泽湿地沉积物碳储量和沉积碳埋藏速率方法尚未标准化。

4）全球变暖的影响和生产力的提高是否可以抵消因呼吸增强而造成的有机碳降解速率的升高，这个问题对于滨海沼泽湿地目前尚未阐明。

5. 小结

经核算，中国海岸带蓝碳生态系统年碳汇量约为126.88~307.74万tCO$_2$，其中，红树林每年埋藏27.16万tCO$_2$，海草床年埋藏3.2~5.7万tCO$_2$，滨海沼泽年埋藏96.52~274.88万tCO$_2$。

表7　中国海岸带蓝碳本底

海岸带蓝碳生态系统	面积 （单位：万hm^2）	年碳汇量 （单位：万tCO$_2$）	总储碳量 （单位：万tCO$_2$）
红树林	3.28	27.16	2327至2745
海草床	0.88	3.2至5.7	350
滨海沼泽	12至34	96.52至274.88	11200至31800
小计	16.16至38.16	126.88至307.74	13877至34895

海岸带蓝碳是中国最为重要的碳汇之一。滨海沼泽、红树林、海草床的碳埋藏速率远高于陆地森林，但滩涂围垦、环境污染以及气候变化等因素造成中国红树林、海草床、滨海沼泽面积大幅缩小，这不但导致年碳汇量相对较小，也造成埋藏碳再次逸出重新回到大气中。因此，保护、恢复蓝碳生态系统不仅能够扩大碳汇量，还能防止固定的碳重新回到大气中。滨海沼泽、红树林和海草植物在适宜条件下繁殖力高，种群扩张迅速，可通过自然保护和人工恢复方式快速扩增。

（二）渔业碳汇

1. 渔业碳汇的概念和意义

随着海洋生物的固碳作用逐渐进入人们的视野，渔业生物的碳汇功能受到更多关注，"碳汇渔业"正是在这种背景下提出的发展渔业经济的新理念。渔业碳汇可定义为：通过渔业生产活动促进水生生物吸收水体中的CO$_2$，并通过收获把这些已经转化为生物产品的碳移出水体的过程和机制。主要包括藻类和贝类等养殖生物通过光合作用和大量滤食浮游植物从海水中吸收碳元素的过程和生产活动，并通过这一过程和活动，更好的发挥了渔业生物的碳汇功能，从而提高了水域生态系统吸收大气 CO_2 的能力。相关渔业生产活动被称为"碳汇渔业"，主要包括：藻类养殖和贝类养殖。

虽然，渔业碳汇的重要性还没有被广泛认知，也很少作为碳汇产业而受到关注，在《京都议定书》和《马拉喀什协定》的规定中，也没有把水产养殖固定的碳完全作为碳汇。但是，我国作为世界上贝藻养殖第一大国，近年来，每年通过贝藻养殖活动形成的碳汇量是非常可观的，初步估算约为 703 万吨 / 年，相当于义务造林约 80 万 hm^2。因此，海洋渔业碳汇是最具扩增潜质的碳汇活动，是蓝碳的重要组成部分，是"可移出的碳汇"和"可产业化的蓝碳"。大力发展渔业碳汇不仅对减缓全球气候变化做出积极贡献，同时对于食物安全、水资源和生物多样性保护、渔民增收等都具有重要的现实意义。

2 渔业碳汇的机制

（1）大型藻类

大型藻类作为初级生产是海洋碳循环过程的起始环节和关键部分。海洋初级生产就是利用 CO_2 合成有机物的过程，大型藻类通过光合作用利用光能，以 H_2O、CO_2 和营养盐为原料，将海水中的溶解无机碳转化为有机碳，为自身的生长提供能量。在藻类生长过程中产生的碎屑有机碳，可以通过传统食物链，成为其他生物的食物来源或者直接经过沉降作用最终沉积埋藏在海底；产生的溶解性有机碳，可通过微食物环的作用进入食物网或形成惰性有机碳而长期驻留在海水中。藻类光合作用吸收的 CO_2 促使水中的 CO_2 分压降低，并通过对营养盐的吸收提高养殖海区表层海水 pH 值，从而进一步降低 CO_2 分压，促进并加速了大气 CO_2 通过碳酸盐体系向海水中扩散，起到了积极的碳汇作用。大型海藻的全球净生产量远远超过红树林、盐沼和海草，在海岸带植物生境中居于首位，每年净初级生产力可达 93.4 亿 tCO_2。

（2）滤食性贝类

养殖贝类可通过两种途径利用海洋中的碳。

一种方式是：贝类生物直接利用海水中的碳酸氢根（HCO_3^-）钙化形成碳酸钙（$CaCO_3$）贝壳来固碳，其反应方程式为：

$$Ca^{2+}+2HCO_3^-=CaCO_3+CO_2+H_2O$$

通过这一过程，每形成 1mol $CaCO_3$ 就可以固定 1mol 碳。

另一种方式是养殖贝类：贝类属于滤食性生物，滤食系统十分发达，有着极高的滤水率，能够利用上覆水域中乃至整个水域的浮游植物及颗粒有机物质。贝类的碳收支过程可以用收支模型来表示：

C（摄食碳）＝F（粪便碳）＋U（排泄碳）＋R（呼吸碳）＋G（生长碳）。

贝类通过滤食水体中的浮游植物、有机碎屑、微型浮游动物以及微生物等颗粒有机碳促进其个体生长，增加生物体中的碳含量，通过养殖贝类的收获每年可以从海中移除大量的碳。一部分未被利用的有机碳则通过粪和假粪的形式沉降到海底，加速了有机碳向海底输送的过程，在近海碳循环中，贝类起到了大洋碳循环过程中生物泵的作用，促进了海洋碳汇的功能。因此，滤食性贝类不但可以通过被收获而从海水中移除碳，还在海洋碳循环中起到生物泵的作用，提高了海洋碳汇的功能。

3 碳汇规模

图16 山东荣成贝、藻类养殖卫星遥感（2014年11月）

注：红色比例尺示 1km

中国是一个海水养殖发达的国家，养殖面积和产量居世界首位。世界粮农组织（FAO）近70年统计资料显示，中国海水养殖业的产量1950年仅1万吨，经过六十多年的快速发展，2016年上升到了近3041万吨，约占世界海水养殖总产量的59.30%。近五年中国海水养殖产量与世界海水养殖产量对比情况如图 17 示，中国和世界海水养殖产量呈逐渐上升态势，中国占世界海水养殖产量比值呈现出下降后又上升的趋势（FAO, 2018）

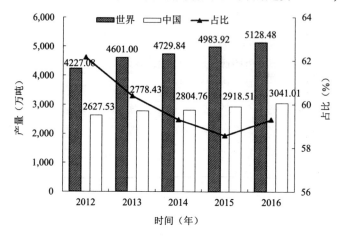

图 17 近五年世界和中国海水养殖总产量对比情况

2017 年我国海水养殖产量达 2000.70 万吨，占海洋渔业总产量的 60.23%，较 2016 年增加 85.4 万吨；海水养殖面积达 2084.08 千公顷。其中贝类产量 1437.13 万吨，养殖面积 1286.77 千公顷，藻类产量 222.78 万吨，养殖面积 145.26 千公顷。我国海水养殖产业，从产量来看，以不投饵的贝类和藻类为主，占海水总养殖产量的 83%。因此，贝类、藻类养殖是我国产量最大的海水养殖对象，为保障我国的食物安全、提高人民群众的生活水平发挥了重要作用（2018 年中国渔业统计年鉴）（图 18）。

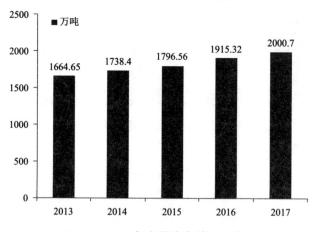

2013 至 2017 年全国海水养殖总产量

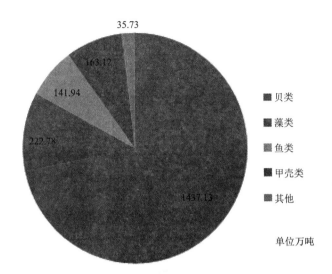

2017 年全国海水养殖产量构成

图 18　我国海水养殖产量及组成

　　近年来，诸多研究表明，贝类藻类等养殖生物具有显著的碳汇功能，它们直接或间接地利用了水体中的碳。以上研究，对厘清我国海水养殖碳汇规模，科学计量碳汇程度，提供了大量的基础数据和理论依据。根据 2017 年我国各种海水贝类和藻类养殖的产量和中国海洋标准委员会初步确认的养殖贝藻的碳汇计量标准，可以推算出 2017 年通过养殖贝类的收获从海水中移出的总碳约为 123.2 万吨，其中贝壳中的碳含量约为 95.9 万吨，大型海藻每年从海水中移出 68.5 万吨的碳，相当于 703 万吨 CO_2。

　　除了可移出的碳外，微型生物作用驱动形成的 DOC、 RDOC 以及碳的沉积埋藏等都是渔业碳汇的重要部分。由于这部分蓝碳研究难度大，之前还无统一的计量标准，为此在计量渔业碳汇时，一直被忽视或遗漏；目前越来越多的研究揭示这部分遗漏的碳汇在养殖蓝碳中占据了相当高的比重。2016 年我国藻类总产量约为 216.93 万 t，假设所有藻类含碳量相同，根据海带含碳量 31.2%，可估算出 2016 年中国藻类生产移出碳量约为 0.68 Tg C /yr。根据海带养殖区沉积速率和沉积物含碳量估算，中国海藻 POC 沉积通量为 >0.14Tg C /yr（图 18）。对全球野生大型海藻碳循环的研究表明，其有机碳年沉积和输出通量达到 173 Tg C/ yr，其中 90% 沉积和输出通量被输送到深海，且主要通过 DOC 的输出将碳储存到混合层以下（年输出通量为 117 Tg C/yr），而以 POC 形式埋藏和输出的通量为 49 Tg C/yr。初步估算我国大型藻类养殖固碳量约为 3.52 Tg C/yr，并根据大型藻类 DOC 输出占固碳量的比值，估算我国大型藻类养殖每年向海水中输出的 DOC 通量为 >0.82 Tg C/ yr。按照我国东海和南海水体中 RDOCt（Environmental context-specific RDOC）约占海区总 DOC 的 69% ～ 94% 计算，我国海藻养殖释放 RDOCt 的通量为 >0.6 Tg C/ yr，表明海藻养殖向邻近海域输出 RDOCt 与海藻养殖可移出的碳汇相当（图 19）。

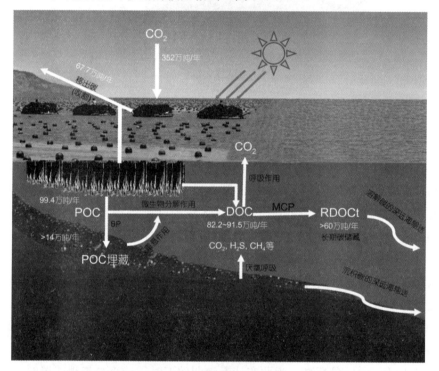

图 19　微型生物碳汇在近海海藻养殖碳汇中的贡献（张永雨等，2017）

随着科学的发展，我国的海水养殖产业已经由原来粗犷的养殖模式向着绿色高效的现代化养殖模式转变。通过科学的指导，养殖模式、养殖布局的不断优化，有效地提高了海水养殖的生产效率，且目前我国近海利用率仍然较低，部分省份适宜进行养殖的海域利用率尚不足 10%。因此，随着海水养殖业的科学发展，渔业碳汇势必将成为我国碳汇事业最为重要的组成部分。

4. 创新应对质疑

目前渔业碳汇在国内外存在一些质疑，主要问题集中在，藻类：养殖的大型藻类生活周期短（几个月至1年），其固碳作用是暂时的；收获的大型藻类作为食品、饵料、饲料及原料等经过消耗，固定的碳短期内又释放出去。贝类：贝类可以通过钙化作用来进行碳的固定，将水中的碳与钙离子结合形成碳酸钙保护壳。钙化中利用的碳并非直接来自于大气层，其利用的是海水中溶解的碳酸，碳酸在一定的二氧化碳浓度下达到饱和态，之后的钙化作用会将这部分溶解碳移出水体。碳酸钙形成和沉降的过程会使海表到海底形成一个碱度梯度，从而导致海洋中二氧化碳分压的增高从而阻碍从大气中吸收二氧化碳的效果。而整个碳酸钙的沉积过程会导致海洋总体碱度的提高从而降低其碳汇的效应。与藻类相同，养殖贝类也是被用作食物。针对以上的质疑，结合近年来的研究成果和实验认证，分别对藻类和贝类的质疑解释如下：

（1）关于贝藻碳汇的时间问题

通常意义上，人们认为生物碳移入并保留在碳库一段对人类有意义的时间，才是真正的碳汇，因此诸如粮食作物等植物很少被学者接受为生物碳汇。然而即使是被广泛接受的森林碳汇，其固碳效率和净固碳能力也会逐渐降低，并最终转变为 CO_2。所以学界一般认为生物碳最终是可以被分解并重新变成 CO_2 的，只不过时间尺度不同，有些转变的过程很快，如光合作用中的光呼吸过程，只需要几毫秒，有些生物死亡腐烂分解产生 CO_2，或者被埋藏通过上百万年的沉积变成化石燃料经过燃烧后释放 CO_2。由于没有定义碳汇的具体时间尺度，因此广义上说，生物有机碳的形成就是生物碳汇，并不能狭义的理解"固碳不是储碳"就否定渔业养殖的碳汇贡献。而渔业碳汇与传统农作物种植相比更应被认为是碳汇产业的原因是，首先，渔业养殖除用作人类食物外，还有很多工业用途或被长久埋藏途径，如藻类可作为工业原料、清洁能源利用，贝类贝壳固定的碳则可以被长久的储存、养殖生物在养殖过程中通过排泄等作用沉降埋藏在海底的碳可以储存上千年；其次，渔业养殖在海洋生态系统中进行，通过现代化养殖模式的影响，不仅可以实现渔业碳汇的目标，也可以干预养殖水域的海洋生态系统更加高效的吸收 CO_2。相较于森林碳汇树木生长后期碳汇效率低下甚至出现负值的情况，渔业碳汇的净固碳能力是森林的10倍，且时间尺度更短效率更高。

（2）贝类钙化和呼吸作用释放二氧化碳的问题

目前，关于对贝类的碳汇功能的质疑，主要问题是只考虑了贝类个体的生理生态学过程，而没有从整个养殖生态系统的角度来考虑。贝类生长代谢的过程是一个复杂的生理生化过程，不能单纯从钙化的反应公式看，贝类呼吸作用每释放 1mol 的 CO_2，需要吸收 2mol 的 HCO_3^-。近年来的研究发现，虽然贝类生物进行呼吸作用，但呼吸释放的 CO_2 由于发生（$CO_2+CO_3^{2-}+H_2O= 2\ HCO_3^-$）化学反应，不会改变水体的碱度，由于海水缓冲的做用，虽然生成了 CO_2 但只有 67% 的 CO_2 释放到环境中去。

从整个养殖生态系统来看，滤食性贝类整体上起到了固碳的效果。首先来看贝类养殖区的海气界面的二氧化碳交换情况。以我们典型的贝藻养殖海域——桑沟湾为例，养殖活动对海域碳的源汇影响较大，贝藻各区域都为 CO_2 的汇区。桑沟湾养殖海域海 - 气界面 CO_2 交换通量在不同季节以及不同养殖区之间均存在极显著差异，且季节和区域二者之间的交互作用极显著，养殖区 CO_2 通量显著高于空白对照海区。桑沟湾海 - 气界面的 CO_2 平均通量春季为 -3.18 mmol/（$m^2 \cdot d$），夏季为 -2.19 mmol/（$m^2 \cdot d$），秋季为 -14.40 mmol/（$m^2 \cdot d$），冬季为 -26.12 mmol/（$m^2 \cdot d$），整个桑沟湾养殖海区全年可吸收 6.9×10^3tC。

根据贝类个体的碳收支结果，以桑沟湾长牡蛎、栉孔扇贝的碳收支为例，1 只软体部干重 0.25g 的长牡蛎经过 1 年成长，利用水体中的碳 7533mg，其中 39.16% 通过呼吸和钙化释放到环境中，21.33% 形成贝壳和软体部；39.51% 形成生物性沉积物。长牡蛎利用碳 7533mg，最终形成了 3 部分的碳埋藏出口：1421mg 的贝壳碳、186mg 的软体部碳、2976mg 的生物沉积碳。一只栉孔扇贝经过一个生长周期的成长，所利用的水体中的碳，约 30% 被自身利用并移出水体，30% 则通过呼吸和钙化释放到水环境中，40% 则通过生物性沉积物沉至海底（见图 20）。我们可以看到，贝类除了养殖收获移除的碳外，贝类生物沉积物占总利用碳的近 40%，通常高于贝类呼吸和钙化所释放的碳。那么，生物沉积物的归宿如何呢？基于水 - 沉积物界面的研究结果，我们发现贝类形式的生物性沉积物加快了悬浮颗粒物质从水体到底质中的垂直转移。通过对桑沟湾养殖海域的沉积物柱状样，结合沉积速率结果，桑沟湾全湾沉积物碳库年储量约为 3.05×10^4t/a，其中无机碳年储量为 2.13×10^4 t/a，有机碳年储量为 0.92×10^4 t/a；蓝碳碳库年储量为 1.58×10^4 t/a，其中无机蓝碳年储量为 1.32×10^4 t/a，有机蓝碳年储量为 0.26×10^4 t/a。贝壳可以形成稳定的碳长时间封存在海底。

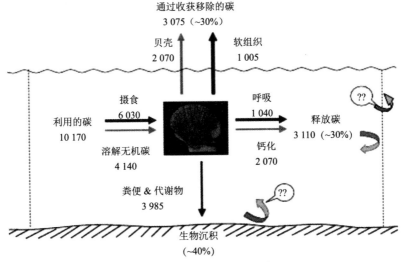

图 20　贝类一个生长周期的碳收支

　　综上所述，海水贝藻养殖的固碳作用是高效的，相较于森林碳汇树木生长后期碳汇效率低下甚至出现负值的情况，渔业碳汇的净固碳能力是森林的 10 倍，所以，渔业碳汇应被广泛接受为碳汇产业。

（三）微型生物碳汇

1. 微型生物碳汇概念与机制

　　海洋微型生物是指个体小于 20 μm 的微型浮游生物和小于 2 μm 的超微型浮游生物，包括浮游动物、浮游植物、蓝藻、细菌／古菌、病毒等。海洋微型生物个体虽小，但数量极大，生物量占全球海洋生物量的 90% 以上，是海洋生物量和生产力的主要贡献者，是物质与能量流动的主要承担者，是海洋碳汇的主要驱动者。海洋生物固碳、储碳机制主要包括依赖于生物固碳及其之后的以颗粒态有机碳沉降为主的"生物泵"与新近由我国焦念志院士提出的依赖于微型生物过程的"微型生物碳泵"。

　　（1）生物泵（Biological Pump，BP）

　　BP 是依赖于颗粒有机碳沉降的海洋固碳储碳方式。在海洋真光层水体中，浮游植物通过光合作用吸收溶解在水体中的 CO_2，通过一系列的光化学反应将其转化为有生命的颗粒有机质（Particulate Organic Matter，POM）（大多为单细胞藻类，如硅藻等，粒径从几到几十微米）。一方面，这些有机质通过食物链被逐级转移到更大的颗粒中，例如浮游动物、鱼类等；未被利用的 POM 会经过死亡、沉降、分解等过程，伴随着各级动物产生的粪团、蜕皮等构成非生命 POM 并向下沉降；同时，生活在不同水层中的浮游动物，通过垂直洄游将 POM 由表层向深层传递。另一方面，各种海洋生物通过新陈代谢活动，可以将上述过程中产生的大量溶解有机质（Dissolved Organic Matter，DOM）释放到水体中。这些 DOM 中的一部分被氧化降解进入下一阶段的物质循环，另一部分被异养微生物吸收、利用后通过微食物网（microbial food web）进入主食物网，进而转化为 POM。这一系列过程构成了碳由海洋表层向深海的转移。

有研究表明，表层浮游植物群落的组成很大程度上决定了沉降到深海的有机质数量和质量。因此，作为 BP "引擎"的浮游植物，其群落结构、光合作用速率、初级生产力与 BP 效率之间有着紧密的关联。当然，BP 的效率并非是初级生产力的一个简单函数。尽管浮游植物的生物活动是其运转的前提，但只有在表层为植物和动物吸收，并被输送到深海后，该生物泵才是有效的。在这个过程中，微型生物的代谢过程和浮游动物的作用过程是影响生物泵效率的两个重要要素。微型生物代谢过程主要包括两个方面：①微型生物的有机质转化转运过程；②微型生物的矿化过程。浮游动物作用过程主要包括：①浮游动物的垂直迁移；②浮游动物的捕食过程；③浮游动物的代谢过程。此外，物理扰动导致的颗粒物解聚也是影响 POM 输出效率的一个重要因素。

（2）微型生物碳泵（Microbial Carbon Pump，MCP）

MCP 是由微型生物承担的基于溶解有机碳（Dissolved Organic Carbon，DOC）转化的非沉降型海洋储碳新机制。光合作用产生的 POC 中大约有 50%通过排泄、浮游动物摄食、病毒溶解和微生物胞外酶水解等过程转化成 DOC。而微生物食物网的营养状态和群落组成会影响 DOC 的产生率和化学组成。在实验操作过程中，一般把粒径小于 0.2 μm 的有机化合物定义为 DOC，故 DOC 组分还包括通过异养吞噬排泄和宿主细胞的病毒裂解产生的微小颗粒，如细胞壁碎片、细胞膜、病毒等。海洋中大部分新生成的 DOC 易被微生物利用，在产生 CO_2 的同时，还会伴随着经微生物介导而产生新的 DOC 过程。据估计，微生物产生的 DOC 中大约有 5%～7% 是惰性溶解有机碳（Recalcitrant DOC，RDOC），这部分 DOC 不会被迅速矿化，可以积累在海洋中长期存在，从而形成海洋 RDOC 库，实现海洋内部碳的封存。为揭示 RDOC 的形成过程机制，焦念志院士等提出了 MCP 的概念模型，描述了 RDOC 产生的 3 个主要路径：微生物细胞生产增殖中直接分泌；病毒裂解导致微生物细胞壁和细胞表面大分子的释放；POC 的降解。MCP 的提出强调了 RDOC 的产生速率、POC 和 DOC 的矿化速率决定了碳在海洋内部的时间尺度，而这些速率的微小变化将会影响全球大气 CO_2 的水平。MCP 所揭示的微型生物过程驱动的 RDOC 的产生及封存机制对全球碳循环和海洋碳汇的形成有着重要的意义。因此，作为 MCP "引擎" 的微型生物（主要为原核生物），其群落结构、对有机碳的代谢转化过程、呼吸作用速率等与 MCP 效率及 RDOC 碳库之间有着紧密的关联。

微型生物是海洋 RDOC 的重要来源。海洋微型生物碳泵不仅储碳，还释放无机氮、磷等营养盐，维持海洋初级生产力。在大洋水体中 90% 的 DOC 是以惰性有机碳（RDOC）的形式存在。它们溶解在海洋水体中，很难被其他生物所利用或降解，能够在海洋中储存长达 5 千年之久，构成了真正意义的海洋碳汇。我国科研人员通过长达 2 年的模拟海底避光降解浒苔实验发现，浒苔降解向水体释放了大量 DOC，其中约 47%～51% 的活性和半活性 DOC（类蛋白物质）在微生物的作用下被转化为 RDOC（类腐殖质物质）（图 21）。并且，浒苔降解时间越久，DOC 的腐殖化和惰性化程度越高。目前，通过傅立叶变换离子回旋共振质谱（FT-ICR-MS）对浒苔降解 2 年的水体进行 DOC 成分分析，已筛选出 517 个具有惰性性质的持久性物质化学式。这为证明 MCP 在产生 RDOC 中发挥的重要作用提供了直接证据。目前国内外科学家已开展大量研究，发现海洋中超过 90% 的 DOC 为 RDOC，并且证明 RDOC 在海洋中的平均储存时间为 4000 至 6000 年。其中，已有科学家利用 ^{14}C 同位素技术对大西洋东部的深海海水 DOC 年龄进行评估，结果证明大洋 DOC 的平均年龄为 4920±180 年。

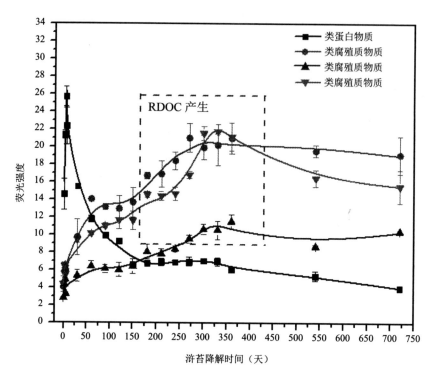

图 21 微生物长期作用下 RDOC 产生过程示意图（张永雨等未发表数据）

BP 与 MCP 之间是相互关联、互相作用的，其各自所包含的一系列过程也是互相渗透、相互影响的。宏观上 BP 与 MCP 的碳汇过程，本质上即是 POC 的输出过程及 DOC 的转化和 RDOC 的产生过程。同时两者之间可互相转化，例如，在水柱中 POC 通量的衰减伴随着 DOC 的产生，而微型生物对于 DOC 的利用转化又伴随着颗粒的形成和沉降。微型生物碳汇贯穿在近海蓝碳的各个环节（图 22），包括红树林、海草床、盐沼及近海大藻养殖等各个方面。

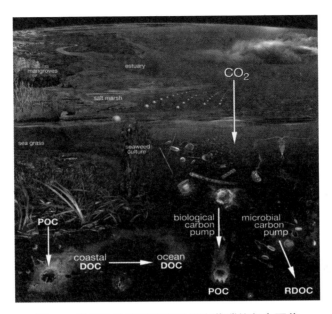

图 22　微型生物碳汇贯穿于近海蓝碳的各个环节

2. 微型生物碳汇规模

在全球范围，浮游植物光合作用每年固碳量超过 1100 亿 t CO_2，是人类活动年释放 CO_2 量的 5 倍多，与陆地初级生产力相近。此外，据估计，微生物产生的 DOC 中大约有 5% ～ 7% 是惰性溶解有机碳（RDOC），这部分 DOC 不会被迅速矿化，可以积累在海洋中长期存在，从而形成海洋 RDOC 库，实现海洋内部碳的封存。在海洋中，RDOC 碳库巨大，约为 650 Gt （1 Gt=10^9t），时间跨度可达 4000 ～ 6000 年，因而构成了海洋的长期储碳。

（1）微型生物碳汇在中国海碳汇中的贡献

我国有近 300 万 km^2 主张管辖海域，其中渤海、黄海、东海和南海的 DOC 碳库约为 4.51、20.93、30.61 和 1947 Tg C，共 2003 Tg C。POC 碳库约为 0.52、4.86、6.3 和 67.74 Tg C，共 79.42 Tg C。碳埋藏通量约为 2、2.42、6.75 和 2.76 Tg C/yr，共 13.93 Tg C/yr，DOC 输出通量约为 1.51、13.2、15-35 和 31.82 Tg C/yr，共 61.53-81.53 Tg C/yr。中国海的有机碳输出以 DOC 输出为主，通过东海和南海向西北太平洋和南海邻近海域输出的 DOC 通量约为 46.39 Tg C/ yr ～ 66.39 Tg C/ yr（图 23），这些输出的 DOC 大部分是经过微型生物利用和转化后残留的在特定环境下具有生物利用惰性的 RDOCt（Environmental context-specific RDOC），培养实验表明生物可降解溶解有机碳（BDOC）在东海（9%～31%）和南海（6%～23%）占 DOC 的比例均小于 31%，而 RDOCt 占 DOC 的 69%～94%，特别是在东海陆架边缘和吕宋海峡 1000 m～1500 m 深水等碳交换界面的 BDOC 所占比例更小，这都表明中国海向邻近海域输出的 DOC 主要是 RDOCt，也表明 MCP 在中国海碳输出中起着主导作用（焦念志等，2018）。

在这一新的科学认识的基础上，可以发现蓝碳（主要是有机碳）不仅仅是早期认识到的可见的海岸带植物固碳，例如海岸带红树林、滨海沼泽和海草床等；实际上占海洋生物量 90% 以上的看不见的微型生物（浮游植物、细菌、古菌、原生动物）更是蓝碳重要的组成部分。更为重要的是，微型生物尤其是异养细菌和古菌生态过程可产生 RDOC，长期储存在海洋中，其总量可与大气二氧化碳的含量相媲美。海洋微型生物碳泵不仅储碳，而且释放无机氮、磷等营养盐，从而可保障海洋初级生产力的可持续性，并且不会导致海洋酸化等负面效应，因此，人为调控提高海洋微型生物碳泵效率是一条具有重要前景的海洋增汇途径。

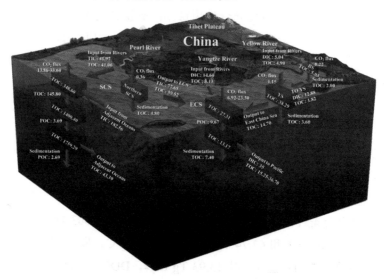

图 23　微型生物碳汇在中国海碳汇中的贡献

注：蓝色框内代表碳库；箭头代表海气、碳输出、碳沉积和碳交换通量，单位 Tg C/ yr。（焦念志等，2018）

（2）微型生物碳汇在近海海藻养殖碳汇中的贡献

我国是世界上海水养殖规模最大的国家，实施生物固碳/储碳战略，大力发展碳汇渔业，在应对气候变化，发展低碳经济中具有重要作用。传统意义上的碳汇渔业是指通过渔业生产活动促进生物吸收水体中的二氧化碳，并通过收获把这些碳移出水体的过程和机制，是一种可移出的碳汇。然而，目前对碳汇渔业有了更深入全面的认识。除了可移出的碳汇外，微型生物作用驱动形成的 DOC、RDOC 以及碳的沉积埋藏等都是渔业碳汇的重要部分。由于这部分蓝碳研究难度大，之前还无统一的计量标准，为此在计量渔业碳汇时，一直被忽视或遗漏；目前越来越多的研究揭示这部分遗漏的碳汇在养殖蓝碳中占据了相当高的比重。据报道海藻养殖释放的 RDOC 量与海藻养殖可移出的碳量相当（张永雨等，图 18）。

（四）小结

1. 年碳汇量和总储碳量

经核算，中国蓝碳总储量约 80 亿 t CO_2，年碳汇量约 2.89~3.65 亿 t CO_2。海岸带蓝碳生态系统年碳汇量为 126.88~307.74 万 t CO_2，其中，红树林每年埋藏 27.16 万 t CO_2，海草床年埋藏 3.2~5.7 万 t CO_2，滨海沼泽年埋藏 96.52~274.88 万 t CO_2。渔业碳汇 2017 年固定 1146.62 万 t CO_2，其中贝类养殖固定 928.23 万 t CO_2（未考虑生物沉积作用），大型藻类固定 218.39 万 t CO_2。开阔海域（微型生物为主）的年碳汇量按沉积碳通量与 DOC 输出碳通量估算为 27668-35001 万 t CO_2，总碳量根据海区溶解有机碳与颗粒有机碳含量估算为 $7.63×10^5$ 万 t CO_2。

表 8　中国蓝碳本底

类别	面积	年碳汇量	总储碳量
海岸带蓝碳生态系统	单位：万 hm^2	单位：万 tCO_2	单位：万 tCO_2
红树林	3.28	27.16	2327 ～ 2745
海草床	0.88	3.2 ～ 5.7	350
滨海沼泽	12 ～ 34	96.52 ～ 274.88	11200 ～ 31800
小计	16.16 ～ 38.16	126.88 ～ 307.74	13877 ～ 34895

续表

类别	面积	年碳汇量	总储碳量
渔业碳汇（2017 年）	单位：万 t	单位：万 tCO$_2$	
贝类	1437.13	928.23	/
藻类	222.78	218.39	/
小计	1659.91	1146.62	/
开阔海域（微型生物为主）	/	27668 ~ 35001	7.63×10^5
总计	/	28941 ~ 36455	~ 8×10^5

仅统计海岸带蓝碳生态系统和渔业碳汇。开阔海域（微型生物为主）的年碳汇量按沉积碳通量与 DOC 输出碳通量估算，总碳量根据海区溶解有机碳与颗粒有机碳含量估算（焦念志等,2018）。

2. 数据分析

从估算结果看，蓝碳是中国最为重要的碳汇之一。滨海沼泽、红树林、海草床的碳埋藏速率远高于陆地森林（图 24），但滩涂围垦、环境污染以及气候变化等因素造成中国红树林、海草床、滨海沼泽面积大幅缩小，这不但导致年碳汇量相对较小，也造成埋藏碳再次逸出重新回到大气中，因此，保护、恢复蓝碳生态系统不仅能够扩大碳汇量，还能防止固定的碳重新回到大气中。滨海沼泽、红树林和海草植物在适宜条件下繁殖力高，种群扩张迅速，可通过自然保护和人工恢复方式快速扩增。

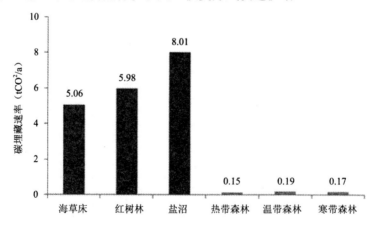

图 24 海岸带蓝碳生态系统与陆地森林碳埋藏速率的比较

对于海岸带蓝碳碳汇及增汇的估算具有不确定性，原因总结如下：①不同的研究所在的地点不同研究时间也不尽相同，不同地点具有不同的海岸带类型以及不同的植物种群；②没有具体统一的海岸带蓝碳估算的方法学体系，不同的研究过程使用的研究方法不尽相同；③不同区域海岸带碳的沉积、周转、埋藏速率不同以及其具有时空变异性；④海岸带系统碳的水平输送对近海区域碳周转、埋藏速率具有影响。

以贝、藻类养殖为主的渔业碳汇年增速快，在固碳的同时提供优质的食物和原料。然而，中国近海渔业生产空间有限，碳汇渔业发展的重点应从规模数量型向质量效益型转变，以提高单位养殖空间的碳汇量为重点，促进生产方式向生态化、自然化，积极开发新型渔业碳汇，发展远海碳汇渔业。

微型生物碳汇是储碳量最大的蓝碳，受近海营养盐影响巨大。推动陆海统筹，加强流域综合治理，有效控制入海污染物排放是改变我国局部富营养化海域呈现为碳源现象的关键。未来，应加强我国近海碳通量监测观测，提高我国微型生物碳汇的计量精度，应加强生物泵、微型生物碳泵研究，探寻增汇的途径和措施。

总的来说，应按照养护和扩大海岸带蓝碳生态系统面积，提高单位面积养殖碳汇量，加强微型生物碳汇研究与监测的基本思路推进我国蓝碳发展。

三、蓝碳计量与监测

碳汇计量将生产与生活当中的温室气体排放转化为等量 CO_2 排放量，进行统一结算，对规范海洋碳汇发展和认知碳汇科学机理起到重要作用。可测量、可报告和可核证是碳交易和核减碳排量的基础，形成国际社会认可碳计量的方法学和标准，准确地估算各种温室气体的排放通量和生物碳汇具有重要作用。

（一）海岸带蓝碳生态系统

海岸带蓝碳生态系统碳汇计量主要包括土壤、植被、水体 3 部分。碳计量方法主要为直接测量法、模型估算法和清单法三类。直接测量法用于直接测量土壤、植被、水体以及气体之间的碳通量，该法主要用于中小尺度计量，是目前为止最为准确的方法。在全球或区域尺度上，由于无法实际测量，大多利用模型估算和清单法来替代，辅以直接测量法进行验证。

本报告的海岸带蓝碳计量方法，均按照联合国政府间气候变化专门委员会（IPCC）给出的适用方法进行整理。碳汇量计算主要涉及生物量碳储量与土壤沉积物碳汇量部分，根据不同生境具体碳汇情况给出各部分的具体计量公式及其适用范围。

1. 红树林蓝碳计量

（1）红树林碳汇计量方法

红树林的计量方法适用于由红树林群落组成的原生环境及再造林中，并且非红树林群落的种植覆盖面积不超过 10%。该方法主要用于红树林生态系统中生物碳汇的计算。目前"清洁发展机制"（CDM）已经批准了《红树林碳汇计量方法》（AR-AM0014），认可红树林碳汇依此标准计量可以参与碳交易。

红树林计量方法中基础碳汇的计算公式为：

$$\triangle C_{BSL, t} = \triangle C_{TREE-BLS, t} + \triangle C_{SHRUB-BLS, t} + \triangle C_{DW-BSL, t}$$

其中，

$\triangle C_{BSL, t}$ 是以 CO_2 为计量的年基础碳汇；

$\triangle C_{TREE-BLS, t}$ 是基础红树林年碳储量变化；

$\triangle C_{SHRUB-BLS, t}$ 是基础灌木年碳储量变化；

$\triangle C_{DW-BSL, t}$ 是枯死木质生物质碳储量变化。

实际净碳汇，CO_2 被草本植物去除实际净碳汇应按下列公式计算：

$$\triangle C_{ACTUAL, t} = \triangle C_{P, t} - GHGE, t$$

其中，

$\triangle C_{ACTUAL, t}$ 是年实际净碳汇；

$\triangle C_{P, t}$ 是每年在选定的范围中的碳储量变化；

$GHG_{E, t}$ 是每年在研究范围内排放的 CO_2。

遗漏的碳，应按以下公式估算：

$$LKt = LK_{AGRIC, t}$$

其中，

LKt 是每年遗漏的温室气体排放；

$LK_{AGRIC, t}$ 是每年因为农业活动而遗漏的碳。

如果研究区域的生物量分布不均匀，应首先进行分层以提高生物量估算的精度。

（2）红树林生态系统碳储量、生产力和碳通量的计算

该方法在天然红树林及人工红树林的碳汇计算中均适用，其为红树林生态系统的总碳储量及碳汇能力的计算：包含储存于植物体内的碳和储存在土壤中的碳两部分。

①红树林生态系统碳储量 C 为：

$$C = C_V + C_L + C_W + C_S$$

其中，

C_V 为植被碳储量；

C_L 为凋落物碳储量；

C_W 为粗木质残体碳储量；

C_s 为土壤碳储量。

生态系统碳储量净增量△C，即碳汇量：

$$\Delta C = \Delta C_V + \Delta C_L + \Delta C_w + \Delta C_s$$

△C_V 为植被碳储量净增量；

△C_L 为凋落物碳储量净增量；

△C_w 粗木质残体碳储量净增量；

△C_s 为土壤碳储量净增量。

A △C_V=GPP － R_a － L

GPP 为总初级生产力；

R_a 为植被呼吸量；

L 为凋落物生成量。

B △C_S=E_n+E_x － R_h － M_e

E_n 为土壤碳储量净增量为内源碳输入；

E_x 为外源碳输入；

R_h 为土壤微生物的异养呼吸量；

M_e 为甲烷排放。

C △C_L=L － D － H － I － E_n

L 为碳输入为凋落物生成量；

D 为碳输出包括腐烂分解；

H 为食草动物消耗；

I 为冲入海洋；

E_n 为沉积物的内源碳输入。

D △C_w=B_a+B_b

B_a 为枯立木碳储量；

B_b 为枯倒木碳储量。

2. 海草床蓝碳计量

在海草碳通量建模方面，海草底土以上部分进行光合作用，底土以下根茎储存光合作用产物，底土以下部分产生的 CO_2 也是叶茎进行光合作用的重要碳源。一些研究者建立了基于底土以上和以下部分碳平衡的海草初级生产力模式。此外，科学家还建立了基于系统物质平衡的算法，包括基于海草落叶的碎屑通量算法、捕食通量算法以及海草生态系统碳输出模式等，为建立海草生态系统碳通量计算模式提供了指导。

光合作用是建立海草碳通量模型的重要基础，通过对海草床中光的辐射传输进行模拟可以了解海草对光的吸收和散射，进而可以建模计算海草光合作用，结合卫星遥感数据，可以获得较好的效果。海草初级生产力遥感为建立海草生态系统碳通量遥感模式奠定了坚实的基础，为大面积测算海草碳通量提供了途径。

海草床的碳汇计量参数包括海草的底土以上和以下部分、海草上的附着生物、海草床中的生物以及海草滤留的有机碎屑等。

海草床碳汇计量方法主要是：

$C_{st} = C_{se} + C_{she} + C_{sed}$

其中，

C_{st}：海草初级生产固碳；

C_{se}：海草床底栖藻类固碳；

C_{sed}：捕获沉积物固碳沉积物。

3. 滨海沼泽蓝碳计量

对于草本植物为主的滨海沼泽湿地，来自海床下的有机物质生产构成了湿地土壤有机碳的最重要来源。由于湿地厌氧环境的限制，植物残体分解和转化的速率缓慢，通常表现为有机碳的积累。滨海沼泽湿地计算碳储量的方法主要有两种：因此，根据滨海沼泽湿地碳封存方式，结合核证减排标准（Verified Carbon Standard）给出的《滩涂湿地和海草修复方法学》中有机碳土壤的分层标准、土壤有机碳耗竭时间标准、滨海沼泽蓝碳计量方法标准，进行了我国滨海沼泽蓝碳储量及碳通量计算方法的分析总结。第一种计算方法是在计算土壤碳储量时，沉积物剖面第 i 层平均有机碳密度 Ci（kg·m^{-3}）和单位面积一定深度内（j~n 层）有机碳储量 Tc（10t·km^{-3}）用下式计算：

$Ci = Di \times Mc$

$$Tc = \sum_{i=j}^{n} Ci \times dj$$

式中：

Di（g·cm^{-3}）为第 i 层干物质容重；

Mc（g·kg^{-1}）为相应的干物质含碳量；

dj（cm）为第 i 层厚度。

第二种方法是基于底泥里的碳库的变化是源于碳通量的变化，包括垂直和水平的流动，即 dC/dt=F

式中，

C 表示一个系统的碳库（g·C·m^{-2}），

t 表示时间，

F 表示各类碳通量（垂直或水平的汇和源，g·C·m^{-2}·s^{-1}）。

因此，研究蓝碳的量，既可以观测各类通量，算出总量，也可以直接观测碳库的变化。通量的观测属于瞬时观测，比较复杂，误差大，但优点是可以了解具体碳库变化的机理和过程，为建模提供数据基础。碳库的测量相对简单，可以得出一年或几年的变化量，但无法给出季节性变化或各个碳通量的贡献。

（二）渔业碳汇

浅海养殖系统是一个复杂的生态系统，不仅与海洋本身的自然过程密切相关，而且受养殖种类、方式、技术、管理等诸多因素的影响，因此目前尚没有渔业碳汇计量方法。另外，虽然目前有研究显示微型生物作用驱动形成的 DOC、RDOC 是渔业碳汇的重要部分，由于这部分蓝碳研究难度大，尚无统一的计量标准，为此在计量渔业碳汇时，只考虑了通过收获可移出的碳汇。在原国家海洋局海标委的支持下，通过近两年来不断的研究和查阅相关文献，借鉴了计量方法比较成熟的森林碳汇评估方法（顾凯平等，2008；曹吉鑫等，2009；张坤，2007），采用基于碳储量变化法的原理，建立了养殖贝类与藻类的碳汇计量方法。2 项行业标准：《养殖大型藻类碳汇计量方法 - 碳储量变化法》《养殖贝类碳汇计量方法 - 碳储量变化法》目前已通过海洋标准委员会审定。

1. 养殖大型藻类碳汇计量方法 – 碳储量变化法

碳储量变化法的原理：采用基于碳储量变化的方法，即在一个养殖周期内，通过养殖大型藻类结束时（收获）的碳储量减去养殖大型藻类养殖初始（放苗）的碳储量来计算碳储量变化，然后根据碳与二氧化碳的转化系数，计算养殖大型藻类的碳汇量。

养殖大型藻类的碳汇量：

$\triangle C_{sink}=1/r\times\triangle C=44/12\times\triangle C$

式中：

$\triangle C_{sink}$——在养殖周期内 CO_2 的碳汇量，CO_2 吨／（公顷·年）；

r——碳与二氧化碳的转换系数，即碳元素在二氧化碳分子中的质量比例 12/44；

$\triangle C$——养殖周期内大型藻类碳储量的变化，吨／（公顷·年）；

其中，$\triangle C$，为养殖周期内大型藻类碳储量的变化，根据以下公式计算：

$\triangle C=（C_H-C_S）/T$

式中：

C_H——养殖大型藻类收获输出的碳量，吨／公顷；

C_S——养殖大型藻类幼苗输入的碳量，吨／公顷；

T——大型藻类养殖周期，即从幼苗到收获成藻的时间（年）。

养殖区养殖周期内所有养殖大型藻类的 CO_2 总碳汇量：

$\triangle C_{sink\ T}=\sum_{i=1}^{n}\triangle C_{sinki}\times Ai$

式中：

$\triangle C_{sink\ T}$——养殖区内大型藻类的 CO_2 总碳汇量，CO_2 吨／年；

$\triangle C_{sinki}$——养殖 i 种大型藻类的 CO_2 碳汇量，CO_2 吨／（公顷·年）；

Ai——养殖 i 种大型藻类的面积（公顷）。

2. 养殖贝类碳汇计量方法－碳储量变化法

碳储量变化法的原理：养殖双壳贝类碳汇计量方法采用基于碳储量变化的方法，即在一个养殖周期内，通过养殖双壳贝类结束时（收获）的碳储量减去养殖双壳贝类养殖初始（放苗）的碳储量来计算碳储量变化，然后根据碳与二氧化碳的转化系数，计算养殖双壳贝类的碳汇量。具体基础公式如下：

养殖双壳贝类碳汇量：

$\triangle C_{sink}=1/r\times\triangle C=44/12\times\triangle C$

式中：

$\triangle C_{sink}$——在养殖周期内双壳贝类 CO_2 碳汇量，吨／（公顷·年）；

r——碳与二氧化碳的转换系数 12/44，即碳元素在二氧化碳分子中的质量比例；

$\triangle C$—养殖周期内双壳贝类碳储量变化，吨／（公顷·年）。

其中，养殖周期内双壳贝类碳储量变化（$\triangle C$）根据以下公式计算：

$\triangle C=(C_H-C_S)/T$

式中：

C_H—养殖双壳贝类收获输出的碳量，吨／公顷；

C_S—养殖双壳贝类贝苗输入的碳量，吨每公顷；

T—养殖周期，单位年（a）。

养殖区养殖周期内养殖双壳贝类的总碳汇量：

$$\triangle C_{sink\ T}=\sum_{i=1}^{n}\triangle C_{sinki}\times Ai$$

式中：

$\triangle C_{sink\ T}$—养殖区内养殖双壳贝类的总 CO_2 碳汇量，吨／年；

$\triangle C_{sinki}$—养殖 i 种双壳贝类的 CO_2 碳汇量，吨／（公顷·年）；

Ai—养殖 i 种双壳贝类的面积（hm^2）。

（三）微型生物碳汇

微型生物碳汇的计量涉及一系列复杂的生态过程参数、指标与标准的制定与校对，具体包括不同类型浮游植物与细菌、古菌等微生物丰度、单细胞碳量、初级生产力、微生物呼吸率、光合固碳量、颗粒碳沉降与埋藏、颗粒碳的食物链转化参数、溶解有机碳、惰性有机碳定性定量等。最后经综合分析与数值模拟，可计量得出某一特定近海环境下的微型生物碳汇增量。

我国科学家在深入研究微型生物驱动的海洋碳汇过程与机制的基础上，目前已探索了一系列实现海洋碳汇可观测、可计量、可评价的微型生物储碳标准技术体系和指标体系，包括：海洋异养细菌丰度的流式细胞监测规范、海洋细菌光能利用能力的监测与评估、海洋细菌主要系统发育类群的定量监测规范、海洋细菌生产力的监测规范、海洋细菌呼吸率的监测规范等。其中多个标准已经在我国渤黄海及南海区域加以应用。

1.浮游生物固碳强度与潜力（初级生产力）评估

海洋是地表生态系统中最大的活跃碳库，其碳量分别是陆地、大气碳库的20和50倍。每年人类排放的二氧化碳约三分之一被海洋所吸收，而海洋微型生物是驱动海洋碳汇这一重要功能的主力军。海洋中的微型生物主要包括浮游植物、细菌、病毒等，虽然它们体积较小，但数量巨大，生物量约占整个海洋生物的 90% 以上。虽然不同微型生物驱动海洋固碳 / 储碳的机理存在较大差异，但浮游植物和好氧光合细菌通过光合作用将无机碳转化为有机碳是海洋碳汇过程的重要基础和前提。每年大约有 45Gt 的碳被固定转化为有机碳。碳在海洋生态系统食物网中经过层层摄食最终以生物碎屑的形式输送到海底，从而实现了碳的封存，封存的碳在几万甚至上百万年时间内不会再进入地球化学循环，这一过程被称为生物泵。海洋生物泵在海洋生态系统的碳循环过程中发挥重要作用，而浮游生物的初级生产力是这一过程的起始环节和关键部分。浮游植物固碳强度与潜力可用初级生产力来表征。目前海洋浮游植物固碳强度与潜力（初级生产力）的评估方法主要有三种：

（1）基于 ^{14}C 测定的黑白瓶培养法

该方法属于原位培养技术，耗时耗力，不能用于大范围的海洋固碳量评估，且 GF/F 滤膜无法完全截留原绿球藻和聚球藻，因此该方法可能低估了超微型浮游植物对海洋碳固定的贡献。

（2）基于叶绿素的固碳模型方法

叶绿素是浮游生物进行光合作用的主要色素，也是海洋中主要初级生产者（浮游生物）生物量的一个良好指标。利用海洋叶绿素浓度测算海洋初级生产力的方法可分为两种模式，即经验统计模型和生态学解析模型。

在一定的环境条件下，叶绿素浓度和初级生产力存在一定的统计关系。一些研究者在分析海洋叶绿素和初级生产力之间的关系时，建立了一系列的经验统计模型。由于经验统计模型的区域适用性有限，且随着时间的推移各统计参数也会发生变化，近年来已很少使用。从 20 世纪中期，研究者开始建立基于叶绿素浓度的生态学解析模型来估算海洋浮游植物的初级生产力，模型中饱和光条件下浮游植物的光合作用速率表征为叶绿素浓度的函数即：

$$P = C \times Q \times R / K$$

其中，

P 为浮游植物光合作用速率（mgC m^{-3} h^{-1}）；

C 为叶绿素浓度（mg/ m^3）；

Q 为同化系数，是单位质量叶绿素在单位时间内同化的碳量；

R 为决定于海面光强的相对光合作用率；

K 为海水消光系数（m^{-1}）。

Ryther 的研究指出，在上述模式中，标志海洋浮游植物光合作用能力大小的重要参数"同化系数"受各理化因子的影响而具有可变性，这就导致了叶绿素浓度与初级生产力之间的关系不是恒定的。因此，在应用中必须正确地测定调查水域的同化系数。

（3）基于碳生物量的固碳模型方法

超微型浮游植物（Picophytoplankton）是海洋固碳的主体，且在未来海洋中的作用会越来越重要。海洋中的超微型浮游植物主要包括原绿球藻（Prochlorococcus）、聚球藻（Synechococcus）和超微型真核藻类（Picoeukaryotes）三个主要类群。它们不仅是海洋中丰度最高的自养浮游生物，而且是大洋初级生产力的主要贡献者，在海洋碳汇过程中起到重要作用。因此，有研究者提出基于超微型浮游植物丰度数据、单细胞转换系数、生长率计算超微型浮游植物固碳量。基于碳生物量的超微型浮游植物固碳模型公式如下：

NPP = C × μ × Zeu × h（I0）

NPP——超微型浮游植物净固碳量；

C——超微型浮游植物碳生物量，C= 丰度 X 单细胞碳转换系数；

μ——超微型浮游植物生长率；

Zeu——真光层深度；

h（I0）——固碳能力深度依赖曲线对表层光辐射的响应。

2. 生物泵 POC 输出通量和沉积通量测定评估方法

（1）真光层颗粒有机物（POC）输出通量的估算方法

自真光层向下输出的颗粒有机碳（POC）通量是衡量生物泵运转效率的关键指标，并且决定着海洋颗粒活性元素和化学组分的生物地球化学循环速率（刘军 et al., 2015）。目前，海洋 POC 输出通量的研究主要基于两种方法：

①沉积物捕集器法

利用沉积物捕集器通过单位时间、单位面积上收集到的颗粒物来定量POC 输出通量。沉积物捕集器已被广泛用于测定深海的 POC 输出通量，方法可靠，结果准确（王小华 et al., 2014）。但在真光层中，由于水动力学、浮游动物等诸多因素的影响，以及沉降颗粒在捕集器内的溶解，由此方法获得的真光层 POC 输出通量一直备受海洋学家的质疑。而中性浮动沉积物捕集器的问世和发展改善了水动力对捕集器的干扰问题，使得沉积物捕集器可以用来测定上层海洋的 POC 输出通量。但这种捕集器设备造价昂贵，很难密集地布放于待研究海域，从而限制了这类沉积物捕集器的广泛应用。

②放射性同位素方法

天然放射性同位素示踪方法是测定 POC 输出通量的另一重要手段，应用最为广泛的是 234Th-238U 不平衡方法（毕倩倩，2013）。234Th 是一种天然的放射性核素，其半衰期为 24.1 d。海水中的 234Th 是由 238U（半衰期为 4.5×10^9 a）不断进行 α 衰变产生的，它具有很强的颗粒活性，容易吸附在生源颗粒物上并随之沉降到深海，从而使它与母体 238Th 之间的放射性活度长期平衡被打破。通过测量真光层中 234Th 相对于 238U 的放射性活度比值，可得到 234Th 的输出通量，结合真光层底层颗粒物上有机碳与 234Th 的比值，可以得到从真光层底部输出的 POC 通量。用 234Th 法测量 POC 通量的优点在于可以得到颗粒物输出通量在几天到几周时间尺度上的平均值，且没有沉积物捕集器得到通量的明显偏差。近几年来，随着海水 234Th 分析技术的不断发展，234Th-238U 不平衡法在南大洋普里兹湾区、太平洋的阿蒙森海区、大西洋威德尔海区冰架、中国南海、中国台湾海峡、太平洋西北海域、大西洋地中海西北部、北冰洋中部和西部海区等大洋和边缘海域的 POC 输出通量和颗粒动力学的研究中得到了广泛的应用，已被证明是研究上层海洋 POC 输出通量的可靠方法。

FB = FPTh·POC/APTh

其中

FB 代表真光层中 POC 输出通量；

FPTh 表示从真光层输出的颗粒态 234Th 通量；

POC/APTh 表示输出界面水层 POC 浓度与颗粒态 234Th 比活度的比值。

在应用 234Th-238U 不平衡法研究海洋真光层 POC 输出通量时，颗粒物上的 POC/234Th 是制约 POC 输出通量估算准确性的一个重要因素。POC/234Th 随采样地点和时间、浮游生物群落结构、颗粒粒径等变化而变化，其可以出现几个数量级的差别，这给 POC 输出通量的估算带来很大的误差。

（2）海洋有机碳沉积通量的估算方法

CO_2 从大气进入海洋后，在生物泵作用下形成颗粒有机碳，并从上层水体输出到深层水体，大部分通过细菌分解作用转化为无机碳而可能重新返回大气层，只有很小一部分被埋藏在深海沉积物中长期封存，并在一定时间尺度上形成海洋碳汇作用的最终净效应，因此海洋有机碳沉积通量在碳循环研究中具有重要意义。

海洋有机碳沉积（SOC）通量测定需要先确定柱状沉积物的年龄，再结合表层沉积物的 TOC 得到有机碳沉积通量。放射性测年法是依据放射性元素蜕变等方法来测定地层年龄的方法。利用大气沉降到水及沉积物中的放射性核素（如 210Pb、137Cs、14C 等）的衰变定律，通过测量其放射性活度随深度的变化来计算沉积物的沉积速率，其适用的测年范围与所使用的放射性核素的半衰期有关。

在海底地层沉积物中应用较广的是 230Th 和 210Pb 法（半衰期分别为 75 200 a 和 22.3 a），其中深海沉积速率和锰结核的生长速率主要用 230Th 法测定，浅海或近海松散沉积物多用 210Pb 法测定。210Pb 是 238U 系列中 226Ra 衰变中间产物 222Rn 的 α 衰变子体，半衰期为 22.3a，属短寿命放射性同位素，被广泛用于百年时间尺度上的沉积物计年及沉积速率的测定，是研究近代江、河、湖、近海等沉积过程的重要手段。自然界中 210Pb 主要来源于地壳中 238U 的衰变和大气中 210Pb 的沉降，此外人工核反应也可产生 210Pb。其中通过沉降并积蓄在沉积物中的 210Pb 因不与其母体共存和平衡，称为过剩 210Pb（210Pbex）（董爱国，2011）。210Pb 测年法基于以下几点假设：①沉积体系为封闭系统，具备稳态条件；②沉降的 210Pb 能有效地转移到沉积物中，且不发生沉积后迁移作用；③沉积物中的非过剩 210Pb 与其母体 226Ra 保持平衡状态。虽然 210Pb 的沉降通量具有纬度效应，但同一地点 210Pb 的放射性通量在近百年的时间范围内可认为基本恒定，沉积物中 210Pbex 的比活度将随沉积物质量深度呈指数衰减，因此对沉积物样品的 210Pbex 比活度分析，便可计算其沉积年龄。应用 210Pb 法进行海洋沉积物测年的过程中，根据沉积物的压实深度、沉积物的孔隙率、干沉积物的密度等参数确定沉积物中的 210Pbex 比活度衰变规律，算出某一深度的沉积物的年龄，结合 210Pbex 比活度随沉积物质量深度呈指数衰减的趋势，得到沉积物的沉积速率。根据沉积物中的有机碳含量即可得到有机碳沉积通量。

3. 微型生物碳泵储碳量评估

我国科学家与国际科学家共同提出通过不同环境下进行标准的、可比的长时间室内培养实验、船载模拟现场培养实验、海洋现场围隔实验，获取不同环境条件下大量的活性 DOC 消耗、RDOC 生成等数据资料和生态过程参数；并通过 RDOC 组分的高分辨率解析技术（例如核磁共振技术、傅里叶变换离子回旋共振质谱等）和"分子指纹图谱"技术相结合，来解析分子层面 RDOC 的组成与变化特征；结合培养实验和 RDOC 不同生成途径特有的"分子指纹图谱"的解析与定量，得到不同途径模式 RDOC 组分的产生速率；并在此基础上建立了一系列有关数学模型，可模拟不同环境条件和生态情景下的生物泵与微型生物碳泵的调控机制和变动规律，进而建立海洋微型生物碳汇的整套观测技术和分析方法，实现微型生物碳汇的准确计量。这些实验方案的实施需要基于大尺度可操控实验设施和时间序列监测站的建设来提供平台与条件。目前微型生物碳汇的计量还面临一些挑战，例如海洋水体中 RDOC 组分的定性定量目前还没有统一的标准方法。

以 DOC 的时间序列降解实验为例，通过长时间的 DOC 降解培养实验，水体中的活性 DOC 被利用，而剩余的就是惰性化程度较高的 RDOC（Wang et al.，2018）。环境中微型生物碳汇（即 RDOC）计量方法为：

$$RDOC = DOC_0 - LDOC$$

其中，

RDOC：惰性溶解有机碳；

DOC_0：原始样品中溶解有机碳含量；

LDOC：样品中活性溶解有机碳含量。

利用长时间的 DOC 降解培养实验，培养体系中 DOC 浓度达到稳定，可认为 LDOC 已被利用完。此时 DOC 浓度降低的量即为 LDOC。计算方法为：

$$LDOC = DOC_0 - DOCt$$

其中，

LDOC：样品中活性溶解有机碳含量；

DOC_0：原始样品中溶解有机碳含量；

DOC$_t$：长时间 DOC 降解培养实验中 DOC 浓度稳定时的溶解有机碳含量，可以等同于样品中 RDOC 的含量。

目前，科学家开发了一系列数学模型，对 DOC 的时间序列降解进行模拟计算，并结合到生物地球化学循环模型中，来模拟海区 RDOC 的产生速率。有机碳的时间序列降解模型基本公式如下表 9：

表 9 有机碳的时间序列降解模型基本公式（Polimene et al.，2018）

	Model equations
1.DOC	$\frac{\partial DOC}{\partial t} = \frac{\partial DOC}{\partial t}\Big|^{Prod} - \frac{\partial DOC}{\partial t}\Big|^{Cons} + \frac{\partial DOC}{\partial t}\Big|^{Phys}$
1.1	$\frac{\partial DOC}{\partial t}\Big|^{Prod} = Const$
1.2	$\frac{\partial DOC}{\partial t}\Big|^{Cons} = L_k \cdot k \cdot DOC$
1.3	$\frac{\partial DOC}{\partial t}\Big|^{Phys} = Const$
2. k	$\frac{\partial k}{\partial t} = \frac{\partial k}{\partial t}\Big|^{Prod} - \frac{\partial k}{\partial t}\Big|^{Cons} + \frac{\partial k}{\partial t}\Big|^{phys}.$
2.1	$\frac{\partial k}{\partial t}\Big|^{Prod} = (k_{max} - k) \cdot \frac{\frac{\partial DOC}{\partial t}\Big|^{Prod}}{DOC^*}$
2.2	$\frac{\partial k}{\partial t}\Big|^{Cons} = (k - k_{min}) \cdot \frac{\frac{\partial DOC}{\partial t}\Big|^{Cons}}{DOC^*}$
2.3	$\frac{\partial k}{\partial t}\Big|^{Phys} = (k_{in} - k) \cdot \frac{\frac{\partial DOC}{\partial t}\Big|^{Phys}}{DOC^*}$ if $\frac{\partial DOC}{\partial t}\Big|^{Phys} > 0$
2.3.1	$\frac{\partial k}{\partial t}\Big|^{Phys} = 0$ if $\cdot \frac{\partial DOC}{\partial t}\Big|^{Phys} < 0$
	Time integration
3	$DOC^{t+1} = DOC^t + \frac{\partial DOC}{\partial t} \cdot \Delta t$
4	$k^{t+1} = k^t + \frac{\partial k}{\partial t} \cdot \Delta t$

其中，

$\frac{\partial DOC}{\partial t}$：样品中溶解有机碳含量随时间的变化；

$\frac{\partial DOC}{\partial t}| Prod$：样品中溶解有机碳产生随时间的变化；

$\frac{\partial DOC}{\partial t}| Cons$：样品中被利用的溶解有机碳随时间的变化；

$\frac{\partial DOC}{\partial t}| Phys$：样品中溶解有机碳含量受物理传输作用影响的时间变化；

k：样品中溶解有机碳降解函数；

t：时间。

（四）近海碳通量储量遥感监测

可测量、可报告和可核证是碳交易和核减碳排量的基础。因此，定量评估海洋碳循环系统中关键界面的碳通量（如海-气界面、陆-海界面、上下层海洋垂向输运、侧向输运）和不同碳库的储量（上层海洋有机碳储量和浮游植物碳库等），对深入了解全球及重点海区碳源汇分布格局、动态变化与调控机制，以及对红树林、海草等蓝碳资源的评估和利用非常重要。卫星遥感具有大面积同步观测、高时空分辨率、长时间序列实时动态监测的优势，是估算近海碳汇的重要手段之一。

1. 海气界面通量 – 源汇

《联合国气候变化框架公约》将碳汇定义为从大气中吸收 CO_2 的过程、活动或机制；将碳源定义为向大气释放 CO_2 的过程、活动或机制。由于直接的海-气 CO_2 通量观测技术目前尚未成熟（如涡动相关法等），研究中主要通过测量海-气界面处的海水二氧化碳分压（pCO_{2-o}）和大气二氧化碳分压（pCO_{2-a}）间接计算海-气界面 CO_2 通量。当 pCO_{2-a} 大于 pCO_{2-o} 时，CO_2 从大气中进入海洋形成碳汇；当 pCO_{2-o} 大于 pCO_{2-a} 时，海洋向大气释放 CO_2，成为碳源。由二氧化碳分压计算海-气界面 CO_2 通量的过程如下：

$$F=K \times \alpha \, (pCO_{2-a} – pCO_{2-o})$$

其中，

F 表示海-气界面 CO_2 通量，符号为正代表碳汇，为负代表碳源；

pCO_{2-a} 和 pCO_{2-o} 分别为大气和海表的二氧化碳分压值（Pa）；

α 为海水 CO_2 溶解度；

K 为海-气界面 CO_2 的交换系数，与海表温度，海表风速等环境因素有关。

海-气 CO_2 通量的遥感估算，与现场观测采用相同的计算公式。其中：大气 CO_2 浓度可采用全球 CO_2 本底站数据、大气环流模式或碳卫星的观测数据。CO_2 在海-气界面的传输速率（K），可用遥感风速及有效波高等数据进行反演。而海水 CO_2 分压（pCO_{2-o}）存在很大的时空变异，遥感反演难度较大，是目前海-气 CO_2 通量遥感估算的关键难点。由于 pCO_{2-o} 无法通过遥感辐亮度直接反演，需要使用替代参量进行表征，因此，遥感建模必须深入了解 pCO_{2-o} 变化的控制机制。中国科学家白雁等提出了基于

控制机制分析的 pCO_{2-o}。半分析遥感模型的概念框架（"Mechanistic-based Semi-Analytic-Algorithm"，简写为 MESAA-pCO$_2$），并已成功应用于受长江冲淡水影响的东海、受密西西比河冲淡水影响的路易斯安那大陆架，以及海盆过程主导的白令海 pCO_{2-o} 的遥感反演。MeSAA-pCO$_2$ 模型不仅考虑了陆源的贡献，且通过各控制因子的累加实现了同一模型在全海域的应用，具有较好的应用前景。

2. 初级生产固碳

初级生产力是海洋"生物泵"固碳的起始环节和关键部分。因此，初级生产力的遥感反演一直是海洋水色遥感发展的重要目的。自第一颗海洋水色传感器 CZCS 投入使用以来，结合实测数据，大量的初级生产力遥感反演算法被开发出来。由初级生产力的定义"真光层浮游植物在单位时间、单位面积内合成有机物质的总量"，归纳其计算公式如下：

$$\iiint PAR（\lambda，t，z）\times Chla（t，z）\times a^*（\lambda，t，z）\times \phi（\lambda，t，z）d\lambda dtdz-R$$

其中，

PAR 为光照强度；

Chla 为叶绿素浓度；

a^* 为叶绿素比吸收系数；

ϕ 为浮游植物量子光合效率；

R 表示浮游植物的呼吸消耗；

t，z 和 λ 分别表示时间、深度和波长。

目前，由于水色卫星传感器直接获取的信号无法覆盖整个真光层区域，实践中，需要根据观测数据将上述全解析公式在波长、深度和时间上进行整合。根据对浮游植物光合过程的不同解析过程，目前初级生产力遥感反演算法可以划分为基于叶绿素（Chla based model, Chl_bPM）、浮游植物吸收系数（absorption based model, AbPM）和基于浮游植物细胞含碳量及生长速度的反演模型（carbon based model, CbPM）。

（1）基于叶绿素（Chl_bPM）

基于叶绿素浓度的初级生产力遥感反演模型结构如下：

$$Chl_{surf} \times pb\_opt \times day\ length \times f（par）\times z\_eu$$

其中，

Chl$_{surf}$ 为遥感反演的海表叶绿素浓度；

pb_opt 为浮游植物最大碳固定速率，一般表征为海表温度或光强度函数；

day length 为日照时间；

z_eu 为真光层深度；

f（par）为光照强度的剖面分布模型，一般表征为海表光照强度的函数；

在遥感反演获得海表叶绿素浓度、温度（或光照强度）、真光层深度、日照时间的基础上，可以最终计算获得海区初级生产力。

（2）基于浮游植物吸收系数（AbPM）

考虑到遥感直接获取的是水体组分的光学信号，且在初级生产力不变的情况下，叶绿素会受浮游植物生理状态的调节而发生改变。为了进一步提高初级生产力的遥感反演精度，研究人员发展了基于浮游植物吸收系数的初级生产力遥感反演模型，计算公式如下：

$A_{ph} \times \phi \times$ day length $\times$ f（par）$\times$ z_eu

其中，

A_{ph} 为浮游植物吸收系数，直接表征浮游植物的光吸收能力，可以由遥感直接反演获得；

ϕ 为光量子效率，代表了浮游植物吸收的光能转化为光合生产的效率，可表征为海表温度或光照强度的函数。

（3）基于浮游植物碳含量（CbPM）

在 Chl_bPM 和 AbPM 模型中，最大碳固定速率（pb_opt）和光量子效率（ϕ）与浮游植物生理状态及环境因子密切相关，很难经过统计方法进一步提高其反演精度。Behrenfeld et al.（2005）建立了基于浮游植物碳含量及浮游植物生长速率的初级生产力遥感估算模型，计算公式如下：

$C \times \mu \times$ f（par）$\times$ z_eu

其中，

C 表示浮游植物含碳量，一般表征为水体颗粒后向散射的函数；

μ 为浮游植物生长速率，可以表征为光照强度、营养盐浓度和温度的函数；

在遥感颗粒后向散射、温度和光照强度的基础上，结合模式营养盐数据，最终可反演获得海区初级生产力。

3. 上层海洋有机碳储量

有机碳储量定义为一定深度内，单位面积上随深度积分的有机碳总质量（mg C/m²）。作为海洋碳循环的基础参数，上层（真光层）海洋有机碳储量与海洋"生物泵"固碳有着十分紧密的联系。实践中，通常采用表层有机碳浓度与水柱中有机碳垂直分布的积分，实现机碳储量的遥感反演：

$$OC_{stock} = \int_{z=0}^{z=ze} OC0 \times f(z) \, dz$$

其中，

OC_{stock} 为有机碳储量（mg C/m²）；z 为水深（m）；

ze 为储量积分深度（m，一般设置为 100m 层或真光层等）；

f（z）为有机碳剖面模型。

由于水色遥感只能直接获取混合层（深度一般小于真光层）内的水体组分信息。因此，上层海洋有机碳储量的遥感估算需要解决两个关键问题，即海表有机碳浓度和垂直剖面分布模型的遥感反演。在此基础上，有机碳储量的遥感估算思路为：1）利用遥感反演获得海水表层有机碳浓度；2）构建研究海区有机碳的垂直剖面模型；3）建立基于遥感表层信息的适用于不同水团或季节有机碳剖面模型的判断方法，最终实现某一深度有机碳储量的遥感估算。

自 Stramski et al.（1999）提出可以利用水色遥感反演海洋颗粒有机碳浓度始，海表有机碳浓度的遥感反演已相对成熟。常见的方法主要包括光谱拟合方法和固有光学量半分析方法。目前，全球海表颗粒有机碳浓度已有较成熟的业务化遥感产品。有机碳垂向分布模型方面，由于实测采样水层稀疏，需要通过深度插值获得有机碳的剖面模型，限制了模型的准确性。而有机碳与光学参数紧密相关，且光学仪器采样频率高，可以更好的表征有机碳的垂直分布模型。特别是近期发展的生物光学浮标（BGC-argo），借助于浮标上搭载的光学传感器，可以获得高分辨率的海表至千米深的有机碳剖面分布信息。

在我国近海，中国科学家刘琼基于四个季节的实测数据对东海溶解有机碳（DOC）垂直分布机制进行研究，提出了高斯分布、指数衰减分布、垂直混匀分布等 5 种不同的有机碳垂直剖面分布模型，并建立了基于水团划分的剖面分布类型遥感判断方法；首次建立了东海各季节 DOC 储量的

遥感估算模型，并利用遥感数据估算了东海 DOC 储量的季节分布。刘琼
（2013）通过实测数据发现，东海秋冬季 POC 呈混合均匀分布，而在春
季和夏季，受生物活动影响强烈，需要使用海表温度（SST）、海表盐度
（SSS）和悬浮物浓度（TSM）综合判断 POC 的垂直分布类型。崔万松（2017）
在南海北部使用水深与混合层深度比值（depth/Z_{mld}）进行 POC 剖面类型
的判别，分为混合均匀、高斯分布和指数衰减分布三种形式，估算了南海
北部真光层深度的 POC 储量。整体上，经过多年的调查研究，我国目前
已经初步建立了近海上层有机碳储量的估算方法体系。

4. 海洋有机碳通量估算

（1）陆源有机碳侧向输运

河流影响下的陆架海系统受河流输入影响，接收河流输入大量的陆源
自养（营养盐）和异养物质（有机碳）。对陆源入海碳通量的长期、定量
化监测是近海碳汇准确估算的重要前提。根据物质输运过程。陆源有机碳
侧向输运可以分为：1）河流物质入海通量和 2）相邻陆架海的有机碳侧向
输运。

有机碳侧向输运通量定义为一定时间内，河流有机碳通量通过河流某
断面的有机碳总量，即某断面上有机碳浓度函数与流量函数的乘积相对于
时间、深度、宽度的积分，如下所示：

$$OC_{Flux}=\int_0^t \int_0^z \int_0^w OC（t, z, w）\times D（t, z, w）dtdzdw$$

其中，

OC_{Flux} 为断面有机碳侧向输运通量；

t 为积分时间段；

h 为河流的深度；

w 为河流的宽度；

OC（t,z,w）为积分时间内河流断面某一位置的有机碳浓度；

D（t,z,w）为积分时间内河流断面处的流量。

在遥感反演获得河流表面有机碳浓度的基础上，结合河流有机碳的垂
向分布模型及水文站的流量数据，就可以实现河流入海有机碳输运通量的
遥感估算。

陆架海有机碳侧向输运的估算思路为：1）首先使用卫星遥感数据估

算上层海洋有机碳储量,获取有机碳浓度的三维分布信息;2)然后使用水动力数值模式获得研究区的三维流场数据;3)最终通过对研究界面处有机碳浓度和水平流场的积分,实现陆架海任何界面有机碳侧向输运的通量估算。Cui et al.(2018)利用 Liu et al.(2014)获取的东海有机碳三维遥感信息,结合 RMOS 模型模拟的东海三维流场,首次估算了东海有机碳的水平输运通量及其时空变化。

(2)颗粒有机碳垂向输出通量

颗粒有机碳(POC)的垂向输出是海洋"生物泵"碳汇过程中,唯一可以在千年尺度上脱离大气 CO_2 循环的部分,代表了"生物泵"真正的固碳能力,是衡量"生物泵"碳汇强度的重要指标。总结目前真光层 POC 输出通量遥感估算方法大致可分为两类:1)基于 POC 输出效率的经验类方法和2)基于食物网模型的解析类方法。

经验类方法的思路主要是通过遥感海表叶绿素浓度、海表温度和真光层深度产品首先反演获得研究海区的 POC 输出效率,然后结合遥感初级生产力产品最终获得 POC 输出通量(POC 输出效率 × 初级生产力)。需要注意的是,尽管在全球海洋尺度上通过 POC 输出效率间接估算 POC 输出通量的方法是可行的,但是在将全球经验类算法应用至局部海区时,仍需要对其适用性做进一步验证。与全球经验类算法认为 POC 输出效率随初级生产力的上升而增加不同,中国科学家李腾的研究显示,南海海盆 POC 输出效率与初级生产力呈负相关关系。

相对于经验模型,食物网模型通过模拟 POC 输出的调控过程,具有更好的区域适用性。Siegel et al.(2014)发展了基于遥感初级生产力、粒径、浮游植物含碳量的真光层 POC 输出通量食物网估算模型,实现了全球开阔海区真光层 POC 输出通量的遥感估算。李腾在观测数据的基础上,使用遥感产品结合食物网模型,首次反演获得了南海高时空分辨率的 POC 输出通量产品。整体上,尽管基于食物网模型真光层 POC 输出通量的遥感估算仍需进一步完善,得益于其较好的区域适用性和调控过程的可量化特征,解析类方法仍是目前发展的重点。

5. 中国海洋碳通量立体监测体系

原中国国家海洋局自 2008 年开始在海洋环境业务化监测中启动了海-气 CO_2 交换通量监测的工作,初步建成了拥有 20 余条船基走航监测断面、

5 个岸 / 岛基站和 5 个浮标站的点、线、面结合，走航监测与长时间序列定点监测相结合的立体化监测体系，基本实现了对中国近海全覆盖。监测内容包括海水 / 大气 CO_2、CH_4 和 N_2O 分压，海洋碳、氮循环关键要素，海水 pH 值，碳钙酸饱和度，海洋水色要素等。同时，我国自然资源部第二海洋研究所联合国内多家科研院所构建了集遥感监测、现场观测（浮标、岸基站、船测）、通量评估和信息服务为一体的中国近海海 - 气 CO_2 通量遥感监测评估系统（SatCO2 系统）。$SatCO_2$ 系统已在多个海洋管理部门应用，生成了连续 20 年（1998—2018）序列的中国海碳通量遥感监测产品集，为我国提供了高时空分辨率的近海碳源汇格局、碳收支清单及长时间演变趋势。整体上，目前我国在海洋碳通量立体监测及遥感评估方面都取得较大的进展，并已建成海洋碳通量遥感立体监测系统，实现了海洋碳通量长时间序列遥感产品制作，为近海蓝碳资源评估、碳容载量及海洋碳埋藏的生态效应评估提供了遥感监测技术支撑。

四、中国蓝碳增汇措施和潜力

（一）海岸带蓝碳生态系统

自 20 世纪 60 年代以来，中国相继经历了四次大规模围填海浪潮，围海晒盐、围海造田、围海养殖、填海造地导致约 219 万 hm^2 滩涂消失，直接造成红树林、海草床、滨海沼泽等大规模丧失，近海环境恶化加剧了这一趋势。摸清海岸带蓝碳生态变化原因，是我们采取有效措施加强海岸带生态的养护和恢复，提高蓝碳生态系统碳汇能力的关键。

1. 红树林蓝碳增汇

（1）红树林减少原因

①自然干扰

自然因素（如气候变化、生物入侵、病虫灾害和土壤侵蚀）是引起红树林退化的主要原因之一。

A. 气候变化

由气候变化引起的海平面上升是对红树林生存环境最大的威胁。近来的研究认为，未来海平面上升将成为中国红树林生存的最大威胁；而极端天气是造成红树林面积减小的另一原因，如 2008 年 3 月的极端低温造成广西沿岸白骨壤全部死亡。

B. 生物因素

生物入侵和病虫灾害也是造成红树林面积减小的重要原因。2005 年，在山口红树林保护区，监测到超过 $167hm^2$ 的互花米草入侵当地红树林，造成红树林面积萎缩。2010 年病虫害使得广西沿岸大面积的红树林消失。此外，螃蟹（主要为招潮蟹）是红树林育苗期及幼苗期主要有害生物。另外，藤壶类生物在红树植物表面的附着性与寄生性，可影响红树林正常生长发育。

C. 沿海和河流侵蚀（图25）

图 25 中国南海的强水流／波浪对吉兰丹三角洲边界

红树林植被影响照片

图（a）为由于沙子沉积在泥质基质上方及其气孔上方而导致红树（高度10—15m）死亡。

图（b）为沿海侵蚀和连根拔起的红树。

图（c）为在红树斑块处的沙子沉积。

②人为干扰

A. 近岸海域水质污染

我国近岸海域环境质量公报显示，2017 年我国四大海区 404 个直排海污染源污水排放总量为 63.60 亿吨，其中，氨氮 1.08 万吨、总磷 2168 吨、4 种重金属（汞、六价铬、铅、镉）排放总量为 6.98 吨（中国生态环境部公报，2017）。污染引起的水体环境恶化和富营养化对固碳的影响是多方面的。红树和海草虽然能积累一定量的重金属，但当超过其耐受力时也会导致死亡，进而威胁和破坏原有的生物群落结构。

B. 农业养殖

红树植物可作为牛、羊的补充饲料，因此沿海地区居民喜欢在红树林湿地林区放养牛羊与家禽，加上围塘养殖及禽畜养殖这种地域性传统的开发利用模式，造成湿地红树林出现矮化和稀疏化趋势；在生物资源的利用过程中，采收者通常会对生态系统中有经济价值的物种进行选择性收获，该行为会导致生态系统组成和结构的改变，从而通过营养级联效应降低生态系统的生产力，最终削弱蓝碳生态系统的固碳潜力。

C.滩涂养殖

滩涂养殖侵占红树林自然延展的区域，限制红树林发展。另外滩涂承包与租赁与林业、环保部门的红树林保护规划工作相冲突，束缚了红树林恢复和发展的空间。

D.近岸海域固体废弃物影响

红树林处于近岸海域，随着潮汐涨落会淤积大量"白色""黑色"污染物，在水流作用下损害苗木，影响红树林自然更新和人工造林的成活率。

实际上，对红树林资源造成损害的因子远不止上述所列。

（2）红树林增汇措施

红树林增汇要通过退塘还林、退堤还海、人工再造生境和海岸工程等手段扩大宜林生境面积，在技术上要遵循群落演替规律，因地制宜养护和恢复红树林。

①人工造林

涉及宜林地选择、树种选择与引种、栽培技术的应用、植后管护及监测4个方面。人工造林分为胚轴造林、容器苗造林、天然苗造林。其中，天然苗造林因成效最低故而使用最少，容器苗造林法因幼苗的各种生长指标均优于胚轴造林，故较为常见。树种繁殖体特征、造林目标和生境条件是选择造林方法的决定因子。

不同的造林方法不仅技术要求不一样，而且资金投入也有差别。胚轴、容器苗、天然苗三种造林成本分别为0.20元/株、0.96元/株、0.73元/株。从经济角度考虑，胚轴造林是费用最低、技术简单、适宜大规模造林的方法。红树林的幼林抚育工作主要包括看护、补植、防治污损动物及病虫害，按3年估算的抚育成本，平均每年所需投入大约为0.48元/株。

②人工促进天然更新

该方法是保护性的造林方式，一般用于母树被砍伐后的自然恢复过程。山口国家级红树林自然保护区18株红海榄母树被砍伐1年后，原母树伐桩半径1.3m范围内，天然下种长成幼苗72株，平均80cm，基径1.08cm，幼苗密度12株/m²。在红树林保护区内生境较好的潮滩，人工促进天然更新不失为恢复红树林种群的有效方式。地区差异和不同造林方式的造林成本也不相同，广西海岸每株3年生的幼树的造林成本为1.64至2.4元人民币。

1957 年浙江渔民引种秋茄，以较高的成活率和保存率实现自然繁殖，由最初的 122 株扩大至 10hm^2。2001 年，广东惠州引种无瓣海桑，成活率超过 90%。随着恢复理论和技术的不断成熟，成活率已不再是红树林增汇瓶颈。

③生态工程

"十三五"规划《纲要》提出实施"南红北柳"生态工程，南方以种植红树林为代表，海草、滨海沼泽植物等为辅，计划新增红树林 2500 公顷，年新增碳汇量 1.50 万 tCO$_2$。中国政府曾在 2001 年计划新增 3.5 万 hm^2，将红树林面积恢复到 6 万 hm^2，若实现此目标每年将新增碳汇量 21 万 tCO$_2$。

④建立自然保护区

我国各类自然保护区共计 28 个，保护红树林湿地面积共 26093.06hm^2。其中国家级保护区 7 个，省级保护区 10 个，市县级保护区 11 个。从省级层面看海南省红树林今年面积趋于稳定，广西和广东红树林面积近几年一直保持稳定并有一定增长，福建红树林面积近几年来稳定增长，已达到 20 世纪 50 年代规模的 1.6 倍。

⑤建设红树林生态农牧场

广西科学院广西红树林研究中心研究员范航清博士提出，对于红树林生态系统的保护，可以采用基于红树林植被恢复和生态养殖相结合的、兼顾保护和利用的管理模式。通过红树林地埋管网鱼类养殖系统、移动组合式潮间带青蟹养殖箱、潮间生态混养和生态海堤等新的养殖技术建设红树林生态农牧场。这种模式对于增加红树林的面积和固碳潜力、提升海水养殖的可持续性、增进沿海社区的福祉具有重要意义。

⑥其他措施

蓝碳潜力的维持既需要对现有海岸带蓝碳生态系统分布区域进行保护和管理，也需要对受损区域进行最大程度的恢复；还需要建立相应的生态补偿机制，利用经济手段，避免人为过度开发。

要提高红树林保护意识，加强对生物多样性的认识，建立保护区与社区共管机制；协调当地社区发展与自然保护区之间的矛盾，减少因区域经济发展给保护区带来的压力和威胁；完善红树林保护管理法规制度，通过立法形式，为红树林湿地保护管理提供强有力的法律保障。

通过分析红树林面积的变化可知，在 1990~2010 年间，中国红树林总面积趋于稳定，随着人们对红树林生态系统服务价值认识的不断提高，在随后的 3 年内（2010～2013），红树林面积由 207.76km² 迅速增加至 328.34km²，增幅达 58%。

2. 海草床蓝碳增汇

（1）海草床减少原因

①自然干扰

自然因素主要包括气候的变化，自然灾害如台风、风暴、洪水泛滥、火山活动、地震、疾病，附生生物的影响，藻类的竞争，食草动物如儒艮、海龟的摄食等。

②人为干扰

中国海草退化的主要原因是人为干扰，突出表现为在草床海域破坏性的挖捕和养殖活动，以及在海草生境和周边的围填海活动。破坏性挖捕主要有挖沙虫、挖螺耙贝、电鱼虾、围网等人为行为，直接破坏海草场，在广西北海市铁山港沙背、北暮盐场外海、铁山港下龙湾、沙田山寮等海草场表现较为严重；大型藻类和鱼虾蟹贝等经济动植物养殖会引起水域污染和水体交换不畅，大型藻类还会与海草竞争资源，因此会对海草的生存造成威胁，目前调查显示存在这类威胁的主要有海南陵水县黎安港、广西北海市山口乌坭、铁山港川江、山东垦利县和山东荣成市俚岛等海草场；码头建设、围填海等会直接侵占海草生长的浅水海域，使得许多海草丧失原位生长地，另外，已有的研究表明，陆源养殖、工业、生活排污等亦会通过影响水体和底质引起海草床的退化，全球气候变化也是海草退化的一个原因，因此，人为和自然因素导致海草退化的机理将是未来一个重要的研究方向。

③海草床削减的危害

人类活动和环境污染导致世界范围内出现大面积的海草床衰退。20 世纪 80 年代以来，29% 的有记录海草床已经消失。人类活动以及其导致的环境污染被认为是海草床退化的最主要原因。在各种人类活动的影响中，富营养化被认为对海草床影响最为广泛。我国的海草床也遭到了严重的破坏，面积急剧减少。例如，位于广西合浦山口国家级红树林自然保护区附近的英罗港海草床，面积已由 1994 年的 267hm² 减少到 2000 年的 32hm²，2001 年的 0.1hm²，面临完全消失的危险。海草床的衰退，直接的表现就是面积的减少和海草覆盖度的降低；间接的表现是生物多样性的降低，生态系统结构不完整，功能不健全或者丧失。

（2）海草床增汇措施

①自然恢复

海草床自然恢复是通过恢复生境来实现的，通过保护、改善或者恢复和模拟生境，借助海草的自然繁殖能力，来达到逐步恢复海草床面积和质量的目的，实质上是海草床的自然恢复。

②人工恢复

人工恢复包括种子法和移植法。种子法是利用海草的有性繁殖方式实现受损海草床的修复，它对种子供给海草床干扰小，播种成本低，劳动力需求少，是规模化海草床修复和较深水域海草床修复的首选方法，值得进一步推广。移植法则是利用了海草的恢复和扩张机制——无性繁殖的方式，恢复和修复海草床。（图26）

图 26　海草（鳗草）移植效果（由中国科学院海洋研究所实施，2013—2014 年）

我国已形成了成熟的海草床恢复技术体系，构建了海草种子库，掌握了海草种子保存、播种、萌发，幼苗培育、种植、移植技术。目前，在威海、青岛沿海进行了海草恢复与重建示范，海草移植成活率均在80%以上。经过恢复和重建，威海月湖海草床面积增加了40%，生物量增加70%。青岛汇泉湾、青岛湾等荒漠化水域，恢复了相当规模的海草床，海草床海草密度、生物量与天然海草床无显著差异。

我国历史海草床面积超过15万hm^2，预计我国可恢复的海草床面积在10万hm^2以上。以海草床年固定3.67至$6.46tCO_2/hm^2$计算，通过恢复和修复海草床，每年可新增碳汇量37至65万tCO_2。

3.滨海沼泽蓝碳增汇

（1）滨海沼泽减少原因

滨海沼泽是我国滨海湿地中分布面积最大的蓝碳生态系统类型，通常分布于河流、陆地和海洋生态系统之间的交界面，近年来，人类活动越发频繁，如围填海、水产养殖、沿海土地开发、流域建库筑坝和工业生产等，造成滨海沼泽湿地面积的缩小、湿地生态系退化甚至丧失，以致对海岸带碳汇功能也造成了很大的影响。

①自然干扰

A.生物入侵

我国滨海沼泽植物群落呈明显的带状分布，主要特点为耐盐耐淹的先锋植物分布在高程较低处，而偏中生性植物分布在高程较高处。依据滨海湿地植被分布数据，鸭绿江口、辽河口、黄河口和盐城滨海沼泽湿地的土著优势植物均为芦苇（Phragmites australis）和碱蓬（Suaeda spp.）；长江口滨海沼泽湿地的优势植物除了土著植物以外，我国滨海沼泽普遍受到外来植物互花米草（Spartina alterniflora）的入侵，现今的扩散面积可能更大，严重威胁了滨海湿地生态系统的结构与功能完整性。

B.海平面上升

海平面上升会加速对海岸带的侵蚀，从而使海岸带湿地生境丧失，湿地系统固定的碳向河口或陆架转移。有研究表明，海水入侵可能会使一些低盐度的潮滩湿地改变碳汇功能，如Weston等对美国特拉华州河不同盐度的湿地调查发现，一些低盐度的潮滩湿地由于受到季节性的海水入侵后发生植物生物量下降、有机质矿化和甲烷排放加速。但根据滨海沼泽湿地的演化模型估算得到的结果显示，未来海平面上升在短期（50年左右）内会使海岸带地区的碳埋藏增加。

②人为干扰

A. 围填海活动

围填海活动是中国滨海沼泽丧失的主要原因。20 世纪 50 年代，我国海岸带滨海沼泽面积曾达 76.5 万 hm^2，目前退化面积已超过 50%。滨海沼泽分布面积的减小导致固碳能力下降。以莱州湾滨海沼泽为例，1987 年—2007 年间，该地区滨海沼泽分布面积缩减了 53%，表层土壤有机碳库储存量下降了 46.4%。

B. 滩涂养殖

滩涂围垦是我国海岸带生境最常见的物理干扰之一，已导致我国滨海沼泽面积急剧减少，使人类在应对极端天气事件以及海平面上升时面临更大的风险。滨海沼泽湿地面积的减少自然会导致土壤碳储量下降。除此之外，滩涂围垦会使本来处于厌氧环境的湿地土壤暴露于大气，加速了土壤有机碳分解和 CO_2 向大气中的释放。所以，需要全面摸清围垦所导致的湿地利用方式改变对蓝碳生态系统分布的影响，才能量化其对我国滨海沼泽湿地碳汇功能的影响。

（2）滨海沼泽增汇措施

我国采取了大量措施在辽河口、黄河三角洲、福建沿海相继开展了滨海沼泽的修复工作，包括：

①生态工程及国家政策

A. 近年来，在国家海洋公益项目的支持下，在中国杭州湾北岸，已分别开展了"奉贤岸段滨海沼泽湿地生态恢复示范工程"和"金山城市沙滩西侧综合整治及修复工程"，针对杭州湾北岸基底受损严重，湿地生态系统面临消亡的现状，在典型侵蚀岸段通过水动力调控、基底修复、植物引种等恢复滨海沼泽湿地景观。

B. 实施"南红北柳"生态工程计划新增芦苇 4000 hm^2、碱蓬 1500 hm^2、柽柳林 500 hm^2，将新增柽柳林贡献 0.92 万 tCO_2、新增芦苇贡献 11.81 万 tCO_2、新增碱蓬贡献 0.48 万 tCO_2，合计 13.21 万 tCO_2 的新增碳汇量。若将滨海沼泽面积恢复到 20 世纪 50 年代的水平，每年可新增碳汇量约 340 至 516 万 tCO_2。

C. 2018 年国务院印发《关于加强滨海湿地保护严格管控围填海的通知》，重点明确了四个方面政策要求：①严控新增围填海造地，②加快处理围填海历史遗留问题，③加强海洋生态保护修复，④建立建立滨海湿地保护和围填海长效机制《中华人民共和国中央人民政府公报》2018。

②人工措施

A. 通过实施水盐和养分调控、固碳植物筛选等人工措施对滨海湿地生态系统固碳减排的强化作用，建立海岸带湿地生态系统的固碳增汇技术体系。

B. 推动实施"退养还滩"，例如，在辽宁盘锦市已累计退出海水养殖面积 2.2 万亩，为辽河口滨海沼泽恢复提供了空间。

③生物修复

通过研究退化湿地生态系统的生物修复，重建高生物量、高碳汇型水生生物群落、改善湿地土壤及水体环境等措施来建立海岸带退化湿地的固碳增汇技术体系。

近年来，人类对湿地的开发利用对海岸碳汇作用产生了重要的影响，特别是滩涂围垦使滨海沼泽面积急剧减少，导致滨海湿地的固碳潜力下降。因此，如何有效地减少滩涂围垦、恢复原有滨海湿地的碳汇功能、评估其固碳速率及潜力对中国的蓝碳功能研究有重要意义。

4. 小结

中国海岸带蓝碳发展潜力巨大，总储量约 13877 至 34895 万 tCO_2，年固碳量约 126.88 至 307.74 万 tCO_2。中国的蓝碳研究和实践走在世界前列。与黑碳"控制"、绿碳"扩增"不同，蓝碳的核心发展理念是"养护和健康"。大力发展蓝碳将有力推动我国国民经济健康发展，促进滨海生态系统保护，大幅提高生态系统碳汇能力，显著提升我参与全球气候变化治理能力。

从估算结果看，我国可预期、可施行的海岸带蓝碳年增汇量约 412 至 588 万 tCO_2，这是基于各类生态系统平均碳埋藏速率保守计算的，而健康的海岸带蓝碳生态系统的碳埋藏速率远大于平均值，因此通过实施基于生态系统的海洋管理可以有效提升海岸带蓝碳生态系统的增汇潜力。此外，海岸带蓝碳生态系统不仅是重要的碳汇，更在于维护生物多样性，改善环境，确保沿海地区经济社会可持续发展方面发挥重要作用，围绕其发展的相关新兴产业也将提供大量的就业岗位，创造可观的经济效益。生物碳汇增汇不仅可通过技术手段实现，更需要"陆海统筹"、综合施策，减少陆源污染物入海。

综上，我国海岸带蓝碳增汇可使用的手段较为多样化，部分增汇技术已比较成熟，增汇潜力巨大。因此海岸带蓝碳增汇将为我国温室气体减排做出巨大贡献。

（二）海洋渔业（碳汇）

1. 海水养殖业

海水养殖业增汇措施主要包括增加养殖面积和提高单位面积的碳汇量两个方面。

（1）增加养殖面积

我国滩涂和浅海面积广阔，是世界上陆架海域最为广阔的国家之一，目前我国浅海利用率不足 10%，根据《2018 年中国渔业统计年鉴》数据，2017 年海水养殖面积为 2084.08 千 hm^2，但是，我国的海水养殖主要集中在水深 -20m 以浅的区域，-20m 至 -40m 等深线之间的养殖活动极少。我国 -20m 至 -40m 水深的海域面积约 3700 万 hm^2，按照 5% 的利用率和目前我国养殖大型藻类平均固碳密度为 15.78 t CO_2/hm^2·a 来计算，预计每年可增加碳汇 2919.3 万 tCO_2。我们有着广阔的海域空间，提升渔业碳汇的空间潜力巨大。

（2）提高单位面积的碳汇量

从养殖贝藻的碳汇计量标准来看，养殖贝藻的碳汇量与单位面积养殖贝藻的产量和单位生物体内的碳含量正相关，因此，提高单位面积的产量和筛选个体碳含量高的贝藻是提高碳汇量的途径。通过筛选高固碳率的养殖品种、改进养殖技术和养殖模式等方式，合理高效利用养殖海域，可提高单位面积的产量，进而提高单位面积的渔业碳汇量。

具体措施可以从两方面入手，一是基于养殖生态容量进行标准化养殖，以保障贝藻养殖的产业的稳产和高产。过去，海水养殖规模盲目扩增，超负荷养殖，使得产量不仅得不到提高，反而严重破坏养殖水体环境，加剧病害的发生率，严重的危及了养殖业的可持续发展。20 世纪 90 年代开始，养殖容量的研究受到越来越多学者的重视，经过不断的积累，建立了滤食性贝类养殖容量评估技术、水产行业标准—基于营养盐收支平衡法的养殖大型藻类的容量评估技术规范已编制完成，目前已通过评审正在报批程序中。通过对养殖容量评估技术和规范的运用，可以在误差允许范围内估测某海区中最大、可持续的养殖密度，从而使养殖达到最大理论产量，合理实现资源利用最大化、产量效益最大化、碳汇规模最大化。海洋行业标准"海洋资源生物碳库贡献调查与评估技术规程"以及"养殖大型藻类的碳汇扩增技术规程"正在编制中，新的标准将科学指导在养殖生态容量允许的条件下，如何进行适当的养殖，并依据养殖生物的碳汇计量方法和碳库调查，科学合理的推算养殖区碳库储量和碳汇能力，并以此评估扩增后碳库水平和效果，进而规划合理的增汇养殖方式。

二是多营养层次综合养殖模式（IMTA）。IMTA 模式是近年提出的一种健康的可持续发展的海水养殖理念，对于资源稳定、守恒的系统，营养物质的再循环是生态系统中的一个重要过程。由不同营养级生物（投饵型的鱼类和虾蟹类、滤食性贝类、大型藻类和沉积食性动物）组成的综合养殖系统中，系统中一些生物排泄到水体中的废物成为另一些生物的营养物质来源。IMTA 方式能充分利用输入到养殖系统中的营养物质和能量，把营养损耗及潜在的经济损耗降低到最低，不仅使系统具有较高的养殖容量和经济产出，而且，可以减轻养殖活动对生态环境的压力。

目前，IMTA 模式的研究已经在世界多个国家（中国、加拿大、挪威、美国、新西兰等）广泛开展。从碳汇渔业的角度来看，多营养层次综合养殖模式不仅实现了碳的有效循环利用，加速了生物泵的运转，使各个营养层级生物的碳汇能力得到增加，进一步提升了养殖系统对二氧化碳的吸收利用能力；而且，通过 IMTA 可以降低对环境的压力，可以促进养殖系统的稳定和可持续产出。在比例合理的贝藻混养体系中，藻类不仅能够吸收贝类释放的 N、P 等营养物质，同时还可以吸收贝类释放出的二氧化碳，而贝类则为藻类提供光合作用和生长所需的 N、P 等营养物质，并通过滤食作用维持浮游植物的生物量。在贝藻相互作用的过程中，整个综合养殖系统中的碳汇功能相比单品种养殖实现了很大程度的提高。通过将多营养层次综合养殖与单养的碳汇量进行比较，单养海带和鲍分别可移出碳量为 16.11t/hm^{2}a 和 6.64t/hm^{2}a，而将两者进行综合养殖后，可移出的碳量则达到 45.18 t/hm^{2}a，相当于新增可移出碳量 22.42tCO$_2$/hm^{2}a。若将 10%（16.6 万 hm^2）的现有大型海藻和贝类养殖区改造为混养区，每年可新增可移出碳 372 万 tCO$_2$。可见多营养层次综合养殖不仅能够增加经济效益，同时与单养相比，能够显著增加可移出的碳量，是实现生物碳汇扩增有效技术途径之一。

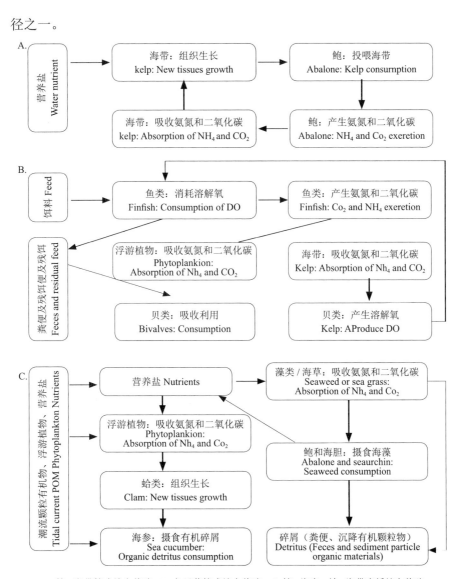

A. 鲍 - 海带筏式综合养殖，B. 鱼贝藻筏式综合养殖，C. 鲍 - 海参 - 蛤 - 海带底播综合养殖

图 27　多营养层次综合养殖示意图

因此，基于养殖容量评估制度的海水养殖，是保障贝藻养殖可持续发展的有效途径；建立海水养殖的新技术、新模式、新空间，是提高养殖贝藻固碳的关键技术措施。由于碳汇渔业是一个新兴的产业，其重要性还没有被广泛认识，基础研究严重不足，应用技术和体系缺乏，标准、

政策和法规尚未或正在健立，国际合作和自主研发机制尚待完善。关于渔业碳汇的形成机制及关键影响因素、不同渔业方式、种类及增养殖区域的碳汇形成过程、典型水域的高效低碳养殖技术等方面亟待基础理论和技术研究。

2. 海洋牧场

海洋牧场是基于海洋生态学原理，利用现代工程技术，在一定海域内营造健康的生态系统，科学养护和管理生物资源而形成的人工渔场。海洋牧场以实现环境和生态和谐为目的导向，集环境保护、资源养护、高效生产以及休闲渔业等功能为一体。作为一种新的海洋经济业态，海洋牧场建设是实现我国渔业碳汇扩增的有效新途径。

在海洋牧场的建设过程中，强调先场后牧，即先建设或修复海洋牧场建设海域生态环境，继而开展相关生物生产活动。在海洋牧场中光照可以到达的海底区域，通过开展相关生态环境建设举措，构建人工海藻床；在更深的海域，通过科学规划设计，投放大型人工鱼礁，改善海底生态环境条件，使海洋牧场成为海洋生物重要的索饵、育幼和庇护等场所。结合生物资源放流等举措，在海洋牧场生物群落结构基础上，进一步优化海洋牧场食物网络和营养结构。最终形成生物种类多样、食物网结构较复杂、生物资源繁盛、具有较高成熟度的健康生态系统，有效地恢复并养护好生物资源。

（1）海洋牧场固碳机制

海洋牧场中浮游植物、大型藻类通过光合作用将无机碳转化为有机碳，其中，颗粒有机碳在鱼类、甲壳类等游泳生物摄食作用下在食物网中传递；重力作用和海洋生物垂直方向的节律运动促进表层生物及生物残体和粪便向海底沉降；贝类、棘皮动物和其他底栖动物在水体底层对颗粒有机物质进行再一次有效利用。浮游植物、大型藻类光合作用产生的溶解有机碳，以及浮游动物、游泳生物和底栖动物在摄食排泄过程中产生的溶解有机碳在微生物作用下、大部分被重新利用于微生物个体生长或者分解消耗 CO_2，而另一部分则在微生物作用下转为为惰性有机碳，长期存留在海洋生态系统中。海洋牧场通过构建多样化的适合生物生长的生态环境，和具有一定复杂程度的食物网结构，实现浮游生物、游泳生物、底栖生物对海洋牧场内空间资源的多层次利用，以及生物资源的多级利用。海洋牧场内空间、生物资源的有效利用提高了能量物质在不同营养级之间的传递效率，以及整个海洋牧场生态系统物质循环速率。高效的物质传输能力和更高的物质传递速率使得海洋牧场生态系统相比于一般海洋生态系统初级生产力更高，生态系统可维持的总生物量更高。

（2）海洋牧场碳汇扩增途径与特征

在海洋牧场的海藻场中大型藻类生物，通过光合作用将无机碳固定转化为有机碳，实现海洋牧场初级生产力提升，进而增加海洋碳汇；另外，海洋牧场内，经初级生产者合成的有机颗粒物质，及消费者生物排出的大量有机物质，可以支撑海洋牧场内贝类、人工牡蛎礁环境中牡蛎的生长需求。贝类生物通过形成碳酸钙贝壳实现生物固碳、增加碳汇，同时通过生物沉积作用将水体颗粒有机物质传输沉降到海底，加速有机碳向海底输送过程，进而提高海洋碳汇；再者，海洋牧场由于更高的生物生产能力，其系统内总生物量较高，通过维持更高的生物现存量，也在一定程度上提高了海洋牧场碳汇量。

海洋牧场碳汇是在海洋牧场生态环境和生物群落结构特征基础上所具有的功能特征。尽管海洋牧场实现碳汇途径与贝/藻类海水养殖系统中碳汇途径大体相同，然而海洋牧场碳汇与海水养殖碳汇实现方式有所不同，在海洋牧场中，海藻床中海藻以及牡蛎礁环境中牡蛎均不是作为经济物种来执行碳汇功能，而是作为海洋牧场中基础环境生物来执行碳汇功能。在海洋牧场建设完成后，海洋牧场碳汇作用可以长期不间断进行。海洋牧场中同时也有魁蚶、脉红螺等经济贝类生物执行碳汇功能，其中，肉食性贝类脉红螺以牡蛎软组织部分生物为食，在形成贝壳组织、实现生物碳汇碳的过程中，进一步提高了碳汇效率。另外，海洋牧场中大型藻类、贝类往往由多种物种组成，因而相比于海水养殖，海洋牧场中固碳生物种类更加多元，固碳途径也更加多样化。

（3）海洋牧场碳汇量评估

作为解决我国近海环境保护和渔业资源可持续利用的重要途径，我国海洋牧场建设目前正处于快速发展阶段，截至 2018 年 11 月，我国已建成国家级海洋牧场示范区 64 个，海洋牧场 233 个，海洋牧场用海面积超过850 平方公里。

海洋牧场碳汇扩增主要来源于海藻/草床碳汇，贝类生物碳汇，以及海洋牧场内由硬骨鱼类碳酸盐沉淀形成固定的 CO_2 量。本报告首先以具体唐山祥云湾海洋牧场为例，说明我国海洋牧场生物具体碳汇扩增情况，继而从全国海洋牧场固碳生物碳汇扩增层面出发，计算我国海洋牧场整体固碳能力。

唐山祥云湾国家级海洋牧场，该牧场位于河北唐山乐亭县。该海洋牧场具有大型海藻床与牡蛎礁相依而生的贝藻礁生态系统，属于我国北方地区较为典型的既有牡蛎礁又有海藻床的海洋牧场生态系统。

该海洋牧场内大藻类生物主要为鼠尾藻、海黍子、裙带菜、孔石莼等。大型藻类年平均生物量为 145.00 t/km^2。取大藻类生物年净生产量 / 生物量值为 9.88，计算大型藻类年净生产量为 1432.60 $t/km^2/a$。取 1mg 生物湿重 =0.05 mg-C，计算在该海洋牧场内，浮游植物年固碳量为 71.60 $t/km^2/a$，换算 CO_2 固定量为：262.64 $t/km^2/a$。

海洋牧场贝类生物主要为牡蛎与脉红螺。经调查该海洋牧场内牡蛎平均生物量为 196.73t $/km^2$，取牡蛎年生产量 / 生物量值为 3.10，计算牡蛎年生产量为 609.85 $t/km^2/a$。取牡蛎个体贝壳重量约占总重的 60%，贝壳中含碳量为贝壳干重的 12%，计算该海洋牧场每年牡蛎贝壳固定的 CO_2 量为：161.00 $t/km^2/a$。海洋牧场内脉红螺生物量为 65.16 t/km^2，取脉红螺年生产量 / 生物量值为 1.44，计算脉红螺生产量为 93.83 $t/km^2/a$。取脉红螺个体贝壳重量约占总重的百分比为 70%，贝壳中含碳量为体重的 12%，计算该海洋牧场脉红螺贝壳每年固定的 CO_2 量：28.86 $t/km^2/a$。

祥云湾海洋牧场中硬骨鱼类总生物量为：8.77 t/km^2。由于海水硬骨鱼类肠道碳酸氢根分泌和氯化钠吸收的协同作用可有效促进机体水的吸收和碳酸盐沉淀的形成，取硬骨鱼类年碳酸盐产量约占硬骨鱼类生物量的 2% 计算，可以得出海洋牧场中硬骨鱼类经肠道碳酸盐沉淀形成固定的碳量。祥云湾海洋牧场中硬骨鱼类总生物量为：8.77 t/km^2，经由硬骨鱼类碳酸盐沉淀形成固定的 CO_2 量，计算为 0.14 $t/km^2/a$。

总体计算祥云湾海洋牧场经贝类、大型藻类以及硬骨鱼类，可实现年碳汇扩增量为 452.64 $t/km^2/a$。

在我国全国范围内，据初步调查，海洋牧场海藻 / 草床区大型海藻年平均生物量约为 1892.50 t/km^2。目前我国海洋牧场海藻 / 草床建设面积约为 102 平方公里，依上述计算方法计算我国海洋牧场海藻 / 草床可实现年碳汇扩增总量约为 35.96 万 t。投放人工鱼礁是我国海洋牧场建设的一个重要内容，而人工牡蛎礁则是构成我国大多数海洋牧场生态环境的重要组成部分。我国人工鱼礁区牡蛎等滤食性贝类平均生物量约在 650.00 t/km² 左右，目前我国海洋牧场人工鱼礁区建设面积约为 255 平方公里，依上述计算方法计算我国海洋牧场区牡蛎等滤食性贝类年碳汇扩增总量约为 13.57 万 t。由于脉红螺等肉食性贝类以牡蛎为食，因而，在有牡蛎礁存在的地方，往往也有较多的脉红螺等肉食性贝类存在，调查发现，我国海洋牧场人工鱼礁区脉红螺等肉食性贝类生物量约为 200.00 t/km²，计算我国海洋牧场脉红螺等肉食性贝类年碳汇扩增总量约为 2.26 万 t。我国海洋牧场内硬骨鱼类平均生物量约为：8.00 t/km²，取目前我国海洋牧场面积 850 平方公里，计算经由硬骨鱼类碳酸盐沉淀形成固定的 CO_2 量，大约在 0.01 万 t。

　　总体上，在我国目前约 850 平方公里的海洋牧场用海面积，海藻 / 草、贝类、硬骨鱼类生物每年可以实现的碳汇扩增量约为 45.60 万 t。若将我国明确公布的内水和领海面积（38 万 km²）的 5% 建设为海洋牧场，面积可达 1.90 万 km²，并将其中 12% 的面积（当前海藻 / 草场建设比例）建设为海藻 / 草场，30% 的面积（当前人工鱼礁区建设比例）建设为人工鱼礁区，每年可实现碳汇（CO_2）扩增量可以达到 1150.73 万 t。

表 10　洋牧场碳汇扩增量（以 CO_2 计）

固碳生物	面积（km²）	生物量（t/km²）	年碳汇扩增量（万 t）	碳汇扩增潜力（1.9 万 km²）（万 t）
海藻 / 草床	85.00	1892.50	35.96	796.66
牡蛎等滤食性贝类	255.00	650.00	13.57	303.33
脉红螺等肉食性贝类	255.00	200.00	2.26	50.52
硬骨鱼类	850.00	8.00	0.01	0.22
总量			51.80	1150.73

注：海洋牧场碳汇扩增潜力，按照将我国明确公布的内水和领海面积（38 万 km2）的 5% 建设为海洋牧场，并将其中 12% 的海洋牧场建设面积建设为海藻 / 草场，30% 的面积建设为人工鱼礁区，计算海洋牧场碳汇扩增量。

（三）海洋微型生物碳汇

对受陆源输入影响较大的近海富营养海区，中国科学家结合中国近海实际，创新性的提出了一个可检验、可实施的减排增汇生态工程策略：降低陆地营养盐输入，增加近海储碳功能。目前，陆地普遍存在过量施肥，导致大量营养盐输入海洋，形成了近海的氮、磷等富营养环境；过量的营养盐会刺激海洋微型生物降解更多的 RDOC，导致原先环境中本应该被长期保存的 DOC，被转化为 CO_2 重新释放到大气中。若能够控制陆源营养盐的输入，降低向近海排放营养盐的总量，可以增加水体中碳/氮/磷的比例，从而使更多 RDOC 保留在水体中；同时，也会提高 MCP 的生态效率，最终实现增加碳汇的目标。同时，相关研究结果也表明，当氮磷营养盐成为限制时，微型生物细胞就开始积累有机碳。因此，在海陆统筹的思想指导下，合理减少农田土壤施用的氮、磷等无机化肥（目前中国农田施肥过量、流失严重），从而减少河流营养盐排放量，使微型生物在近海更加有效地将有机碳惰性化，并随后由海流带入大洋进行长期储碳。这将是一个既现实可行、又无环境风险的增汇途径，也为中国实现陆海统筹生态工程、生态补偿提供量化的科学依据。

在大型海藻高密度养殖区，养殖密度过大造成上层水体营养盐极度缺乏，无法满足海藻生长需求，春季引发海藻大量死亡；与此同时，在养殖区底层水体中氮、磷含量却较为丰富。若通过施用人工上升流技术将深层水体中过剩的营养盐输送到上层水体，将充分满足海藻等光合固碳生长对营养盐的需求，恰当的营养盐浓度不仅可提高海藻产量，并可提高生物泵与微型生物碳泵的综合效应，从而增加近海碳汇。人工上升流作为一种地球工程系统，可以持续地将低温、高营养盐的海洋深层水带至真光层。这个过程不仅会提升总的营养盐浓度，同时也会调整氮/磷/硅/铁的比例，从而促进浮游植物的光合作用、增大渔获量和养殖碳汇，并通过增加生物泵效率的方式增加向深海输出的有机碳量。基于海试实验和相关的模拟计算结果，部分人工上升流系统被认为对增加海洋初级生产力具有积极影响，并且能够增强局部海域吸收大气 CO_2 的能力。中国的人工上升流系统研制处于国际先进水平，已设计并制备了一种利用自给能量、通过注入压缩空气来提升海洋深层水到真光层的人工上升流系统。这一高效耐用的人工上升流装置已经在千岛湖进行了两次湖试试验和在东海进行了一次海试试验。试验结果表明，低温和低氧的深层水可以被升至真光层，从而可能改变营养分布，调节氮/磷比，刺激局部海域初级生产力的提高。要真正实现提高海洋储碳能力、增加海洋碳汇，提高初级生产力不是碳汇工程的终点，而应结合 BP 和 MCP 的过程机制，创新性的将人工上升流系统与微型生物固碳储碳生态效应相结合，才是近海增汇的最有效途径。因此，通过研究海洋人工上升流形成方法，其参数与营养盐、初级生产力、水体含氧量、PH 值和 CO_2 海气交换之间的关系，以及后续引起的 POC 输出、DOC 转化和 RDOC 产生的储碳效应，将有助于建立有效的典型陆架海区增汇模式和示范，实现海域增汇。

我国有近 300 万 km^2 主张管辖海域，溶解有机碳储量相当于固定了 76.3 亿 t CO_2。海洋微型生物碳汇潜力巨大，对其相关科学过程机制研究和生态示范工程研发，将为低碳减排提供有力支撑。

（四）小结

从估算结果看，我国每年可预期、可施行的蓝碳增汇潜力约 7000 多万 t CO_2，这其中不包括潜力巨大但目前估算比较困难的微型生物碳汇。（表 11）渔业碳汇的增汇潜力大，增汇措施也具体可行，是我国蓝碳增汇的主要领域。海岸带蓝碳生态系统增汇潜力约 398 至 602 万 t CO_2，这是基于各类生态系统平均碳埋藏速率计算的，而健康的海岸带蓝碳生态系统的碳埋藏速率远大于平均值，因此通过实施基于生态系统的海洋管理可以有效提升海岸带蓝碳生态系统的增汇潜力。此外，海岸带蓝碳生态系统不仅是重要的碳汇，更在维护生物多样性，改善环境，确保沿海地区经济社会可持续发展方面发挥重要作用。围绕其发展的相关新兴产业也将提供大量的就业岗位，创造可观的经济效益。微型生物碳汇增汇不仅可通过技术手段实现，更需要"陆海统筹"，减少陆源污染物入海。

开展典型受损海洋生态系统修复工程是恢复和提升近海蓝碳潜力的重要途径。如实施"南红北柳"生态工程，实现对滨海生态系统蓝碳资源（包括红树林、海草床与盐沼湿地等）的恢复重建和扩增；注重陆海统筹发展碳汇，控制上游营养盐输入，保护近海生态环境，激发近海微型生物碳泵与生物泵作用的最大联合效力，以恢复和增加近海生态系统的储碳能力；

结合我国近海养殖大国特色，发展碳汇渔业和以海藻（草）为主体的海洋牧场建设，增加近海碳吸收；选择典型近海（如密集贝藻养殖区与河口厌氧区等）区域，探索有效的海洋碳汇生态工程（如人工上升流工程）。此外，积极探索海洋碳封存技术、建立海洋碳封存示范工程以充分挖掘利用我国海洋碳封存潜力也是增加海洋碳汇的重要举措。

总的来看，我国蓝碳增汇手段丰富多样，增汇技术比较成熟，增汇潜力巨大。蓝碳增汇将为我国温室气体减排做出巨大贡献。

表 11 中国蓝碳增汇潜力评估

类别	恢复面积（万 hm^2）	年增加碳汇量（万 tCO_2）
海岸带蓝碳生态系统		
红树林	3.5	21
海草床	10	37 至 65
滨海沼泽	42 至 64	340 至 516
小计	55.5 至 77.5	398 至 602
渔业碳汇		
扩增面积	185	2919
混养改造	16.6	372
海洋牧场	192.5	3548
小计	394.1	6839
总计		7251 至 7427

注：未包含微型生物碳汇增汇潜力，初步评估年增加碳汇量 4100 万 t CO_2

五、蓝碳市场

发展蓝碳资源是应对气候变化、改善生态环境的重要手段，有助于推动海洋经济高质量发展。中国海岸线横跨温带、亚热带和热带地区，拥有丰富的海洋资源和复杂多样的海岸带生态系统，具有发展蓝碳的独特条件，丰富的蓝碳资源为建设蓝碳交易市场奠定了物质基础。顺应国际发展趋势，我国也开始逐步重视蓝碳工作，为尽快建设蓝碳交易市场提供了发展方向和政策保障。在海洋经济快速发展的背景下，建立蓝碳交易市场有利于恢复海洋生态环境和确保海洋蓝碳生境的可持续发展。采用市场机制，可以逐渐解决政府主导发展蓝碳资源时财政投入大、经费投入不及时、不到位和不可持续等问题，同时利用市场机制使得发展蓝碳资源者真正受益获利，调动各方面积极性，切实促进蓝碳增汇和海洋经济发展。当前，应充分梳理和利用已有国际碳交易市场发展的经验，分析我国碳交易市场的发展现状及问题，总结与自然碳汇市场最为相关的清洁发展机制（CDM）的经验教训，探索和建立适合中国国情的蓝碳交易市场。

（一）国际碳交易市场现状

自《联合国气候变化框架公约》（以下简称《公约》）和《京都议定书》（以下简称《议定书》）发布以来，全球温室气体排放的约束性交易机制逐渐形成。碳交易是《议定书》为促进全球减少温室气体排放，采用市场机制建立的以《公约》为依据的温室气体排放权（减排量）交易。在国际"碳交易市场"（Carbon Market）中，碳排放权交易往往以每吨二氧化碳当量（tCO_2e）为计量单位。建立和完善碳交易市场，目的是实施有效的减排增汇，有助于逐步减缓气候变化。自 2005 年《议定书》正式生效以来，全球多个国家和地区已开始建立碳交易体系，例如欧盟、新西兰、澳大利亚、美国、加拿大、墨西哥、日本、印度、韩国等国家和地区的碳市场均得到迅速发展。其中，欧盟碳排放交易体系最为健全完善，成为全球碳交易市场的引领者。

为减轻各国强制减排的负担且在全球范围内减排成本效益达到最佳，《议定书》规定了 3 种碳交易机制，即基于配额的国际排放贸易机制（ET）、基于项目的联合履约机制（JI）和清洁发展机制（CDM）。这三种机制为碳交易市场的发展奠定了制度基础。在三种交易机制中，CDM 与发展中国家的关系最为密切，《议定书》规定，发展中国家可以将自己国家具有减排增汇效果的项目，在符合 CDM 机制标准的条件下，将项目卖给发达国家，以抵消发达国家的减排量。CDM 是一个双赢的机制，可在发达国家和发展中国家间开启一个巨大的碳交易市场。

根据世界银行 2005 年以来每年出版的《全球碳市场现状与趋势》报告，2005 年全球碳交易量突破 7 亿吨，交易总额超过了 108 亿美元。碳交易量与交易额在随后的 6 年间保持稳定增长，碳交易额在 2011 年达到峰值，碳市场也因此曾一度被认为将取代石油成为世界上头号大宗商品市场。但随着欧债危机持续和全球经济下行，以及《议定书》第二履约期各国减排政策一直难以明朗，2012—2013 年虽然全球的碳交易总量依然在增加，但碳价迅速下滑导致交易额暴跌，2013 年全球碳市场交易额已滑落至 549 亿美元，仅为 2011 年巅峰水平的 1/3，2014 年起的交易量也呈现逐年下降趋势（如图 28）。

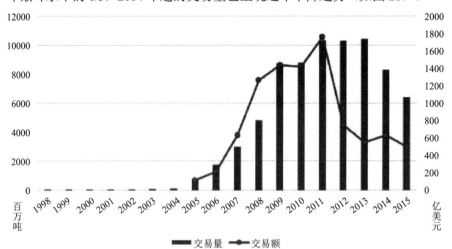

图 28　全球碳金融市场的历史走势

来源：《中国碳金融市场研究》，绿金委碳金融工作组，2016

2012 年在卡塔尔多哈举行的《公约》第 17 次、《议定书》第 7 次气候变化谈判中，日本、新西兰、俄罗斯、加拿大等国明确表示在第二承诺期不再做任何减排承诺，而美国就没有批准加入《议定书》。2012 年在《议定书》第一承诺期结束后，第二承诺期的目标将无法按期确定。由于《议定书》第二承诺期的签署目前陷入了僵局，CDM 等交易机制也将受到重大影响。2012 年 11 月 25 日，欧盟委员会宣布，要求从 2013 年 1 月起，全面禁止特定工业气体减排用于欧盟排放权交易体系（EU-ETS），并不再从除最不发达国家以外购买 CDM 项目。这一议案重创了中国 CDM 项目的发展。由于欧盟国家是全球 CDM 项目的最大买家，约占全球每年 CDM 项目交易额 80% 以上（图 29）。同时，全球 CDM 项目是典型的买方市场，发展中国家企业的 CDM 项目没有议价权，因此，中国 CDM 交易市场立即陷入困境，发展前景不容乐观。

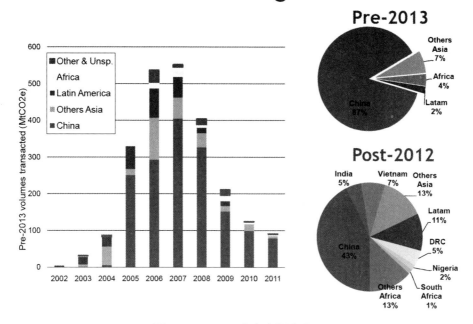

图 29　CDM 项目卖方市场分布图

来源：World Bank: State and Trend of the Carbon Market, 2012

（二）国内碳交易市场发展现状

中国不属于《公约》附件一国家，在 2012 年以前（即《议定书》第一个履约期之内）不需要承担硬性减排义务，但可以通过 CDM 机制参与到国际碳市场交易中。截至 2011 年 6 月底，中国政府共批准 3051 个清洁发展机制项目，其中 455 个成功签发，中国 CDM 项目的数量和年减排量居世界第一（图 29）。中国始终坚持"共同但有区别的原则"，从《议定书》，到巴厘会议和哥本哈根大会期间，中国成为坚持自身发展空间的世界第一碳排放大国，再到《巴黎协定》前全球可再生能源投资连续数年全球第一，风电与光伏累计装机分别为世界第一和第二，在气候变化谈判中一路走来，始终在这个事关人类前途命运的最重要的全球环境治理舞台上作为积极的推动者。中国在碳市场建设方面，主要分为两个阶段：清洁发展机制阶段（约 2002 至 2011 年）和试点交易阶段（2011 年至今）。受《议定书》第二承诺期签署陷入僵局的影响，中国 CDM 项目一度受阻。党的十八大以来，我国高度重视绿色发展和生态文明建设，出台一系列政策支持碳排放权交易市场建设。2010 年，《国务院关于加快培育和发展战略性新兴产业的决定》发布，标志着中国的碳排放权交易制度的开始，2011 年 10 月，国家发展改革委下发《关于开展碳排放权交易试点工作的通知》，批准在北京、天津、上海、重庆、湖北、广东和深圳 7 个省市开展碳排放权交易试点工作。经过近几年的探索和实践，目前国内的碳排放市场由自愿减排交易市场和配额市场两部分组成，以配额交易形式为主。国家发改委组织召开全国碳排放交易体系启动工作新闻发布会，宣布 2017 年全国性碳排放权交易体系已完成了总体设计，并正式启动，中国试点碳交易建设初见成效。

在积极发展碳排放交易市场的同时，建设碳汇市场也是实现 2020 年我国控制温室气体排放行动目标的关键一环。碳汇是指通过植树造林、种草、保护湿地、恢复海洋生态、建设海洋牧场等方式，增加利用生物光合作用吸收大气中的二氧化碳，并将其固定在植被、土壤、海洋中，从而减少温室气体浓度的活动或机制。产生碳汇的方式主要有森林碳汇、草地碳汇、耕地碳汇、湿地碳汇、海洋碳汇等。如增加森林碳汇量，可采取植树造林、减少毁林和阻止森林退化、增加森林单位面积碳汇量、使用木材产品等途径。碳汇交易项目源于《议定书》中灵活履约机制之一的清洁发展机制（CDM）。目前，碳汇市场主要集中在森林碳汇项目建设方面，草地碳汇、耕地碳汇、湿地碳汇、海洋碳汇等项目基本属于空白，碳汇项目类型较为单一。

目前，我国碳汇市场总体上处于探索阶段，当前碳汇市场建设主要存在四大问题：首先，碳排放权的配额交易和碳汇项目交易混杂在同一市场，严重冲击了碳汇项目的推进，对于碳汇交易市场的发展缺乏公平性；其次，在国内外，对于自然碳汇市场的建设仍然缺乏足够的重视；第三，国际碳交易机制中，CDM 的发展趋弱，并有意识地排挤中国，中国没有独立自主的自然碳汇交易体系；第四，我国没有建立强制的碳排放管控制度，缺乏法律强制力保障。

以林业碳汇为例，森林作为最大的陆地生态系统，对温室气体的吸收和储存发挥着巨大作用。自 1992 年《公约》第一条第 8 款明确了"汇"的定义后，为森林碳汇基本框架与机制的形成奠定了基础，此后，森林碳汇交易市场不断发展。到 2015 年，《巴黎协定》为 2020 年后世界各国应对全球气候变化的行动作出了具体安排，其中，森林及相关内容作为单独条款被纳入。国际上林业碳汇项目主要建设模式为 CDM 和 REDD+ 两种机制。前者通过人工造林和再造林，从而获得林业碳汇项目的核证减排量。截止到 2015 年，全球有约 40 多个林业碳汇项目获得 CDM 注册，其中 5 个来自中国；后者主要通过森林经营和养护等活动，减少毁林和森林退化，降低二氧化碳排放而获得的减排量，一般以在热带国家实施的地区性项目为主，对提升生物多样性和生态服务功能有明显作用。

我国目前的森林碳汇交易类型主要包括清洁发展机制下的森林碳汇项目（CDM 项目）和自愿核证减排项目（CCER 项目）。国家发展改革委自 2004 年以来共批准 6 个林业 CDM 项目，其中 5 个项目已在清洁发展机制执行理事会（EB）注册成功，但仅 2 个广西项目的首期核证碳减排量被 EB 签发出来。根据中国清洁发展机制网统计数据表明，造林和再造林项目仅占全部 CDM 项目的 0.1%（如图 30），碳汇市场份额占比过低。中国自愿减排交易信息平台截至 2017 年 3 月底共有 95 个林业 CCER 项目设计文件，其中 13 个项目获得备案，只有 3 个项目核证减排量获得签发。

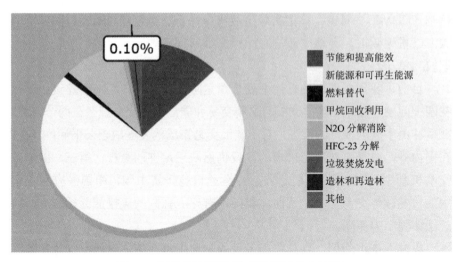

图 30　国批准项目数按减排类型分布图表

截至 2016 年 08 月 23 日，国家发展改革委批准的全部 CDM 项目 5074 项，来源：

中国清洁发展机制网

　　我国自然碳汇交易主要通过 CDM 实现交易，由于当前国际碳市场中对我国的 CDM 项目需求基本消失，未来除非进行重大的体制机制变革，否则短期内此类 CDM 项目继续开发的前景暗淡。同时，因国家发展改革委已于 2017 年 3 月暂停受理所有 CCER 项目备案，全国统一碳市场运行也暂未开启 CCER 抵消模式，目前自然碳汇 CCER 项目不仅缺少签发量，短期内市场需求量也难以大幅提升。因此，虽然我国政府自 2006 年起相继出台一系列与森林碳汇相关的政策条例，保障森林碳汇市场的建立和发展，但森林碳汇的发展道路仍显得困难重重，更不用说正在蹒跚学步的海洋碳汇市场。

（三）蓝碳市场的现状及存在的问题

　　自 2009 年《蓝碳报告》发布以来，海洋在全球气候变化和碳循环过程中至关重要的作用得以确认。蓝碳是一种典型的自然碳汇，具有很强的国际性和广阔的市场交易发展前景。

　　近年，国际研究机构和国际组织正不断推进蓝碳计量标准和方法学的出台和实施，为蓝碳纳入国际气候变化治理体系奠定了基础。IPCC 于 2014 年 2 月底发布了《对 2006 IPCC 国家温室气体清单指南的 2013 增补：

湿地》。该指南在考虑人类活动影响以及对湿地定义进行重新梳理的基础上，给出了湿地排干、还湿的温室气体排放与吸收的估算方法；同时，也增补了滨海湿地、用于污水处理人工湿地的温室气体排放与吸收的估算方法；《红树林碳汇计量方法》（AR-AM0014）的问世使得红树林碳汇实现了可计量、可报告、可核实，这一计量方法已被清洁发展机制（CDM）认可；核证减排标准组织（Verified Carbon Standard）发布了《滩涂湿地和海草修复方法学》，为海岸带生境修复领域的温室气体计量提供了依据。我国海洋标准化技术委员会也已经初审通过了《养殖大型藻类碳汇计量方法——碳储量变化法》和《养殖双壳贝类碳汇计量方法——碳储量变化法》。

中国政府逐步重视蓝碳在适应和减缓气候变化方面的作用和潜力，习近平总书记在十九大报告中指出，加快生态文明体制改革，建设美丽中国，要坚持陆海统筹，加快建设海洋强国。2017 年 8 月，中共中央、国务院印发的《关于完善主体功能区战略和制度的若干意见》提出"探索建立蓝碳标准体系及交易机制"。蓝碳目前已写入中国气候变化双年报告，蓝碳已经开始成为国家重点拓展的领域。

当前，我国碳市场建设为蓝碳交易市场建设提供了宝贵经验。我国已经在 7 个省市开展了碳排放权交易市场试点建设，建成了制度要素齐全、初具规模、初显减排成效、各具特色的试点碳交易市场。我国碳市场建设尤其是森林碳汇项目进入交易市场，在制度顶层设计、政策法规体系建设、技术支撑体系建设、市场运行与管理等方面都为蓝碳交易市场建设提供了重要的借鉴。但就当前的情况而言，蓝碳市场建设仍处于探索阶段，我国在发展和建设蓝碳市场的过程中，主要存在以下问题：首先，蓝碳尚未得到国际碳交易机制普遍认可。海岸带生态、海洋动植物和海洋生境管理等尚未列入国际应对气候变化总体安排（即 UNFCCC、京都机制和 CDM 等）之中。其次，蓝碳在碳计量标准和方法学上基础薄弱，没有得到国际普遍的公认。虽然目前已经有很多学者在对滨海湿地、红树林等近岸带生态系统的固碳量研究上取得积极进展，但仍然没有得到国际上的广泛认可，形成国际化、科学化蓝碳项目尚有差距。第三，一些蓝碳计量和方法学中的关键问题有待突破，可操作性较差，应用性不强，与林业碳汇方法学差距较大。当前蓝碳核算方法、技术规范、评价标准等相关问题在国际尚属研究空白，这使得推进海洋碳汇交易存在技术障碍，特别是我国率先提出的渔业碳汇和微型生物碳泵理论，仍需科研工作者不断推进，做好更扎实的基础性研究。因此，应按《关于加快推进生态文明建设的意见》的要求，夯实理论基础，探讨将蓝碳纳入国家碳排放权交易体系，进一步研究建立蓝碳交易管理办法，确立符合蓝碳自身特点的交易管理框架、核证方法学和市场监管手段。

（四）基于蓝碳市场发展的对策建议

国际上，森林碳汇等自然碳汇市场健康稳步发展，自然碳汇是更加国际化的且能够被交易双方共同认可的交易品种，蓝碳是典型的自然碳汇，具有高度空间和时间尺度上的储碳优势，可以说是解决全球气候变化问题和解决自然生态问题的关键所在，国际化市场潜力巨大，应走区别于与现有碳交易市场机制、独立的碳汇市场金融创新渠道。然而，如何有效开发这一蕴含巨大潜力的蓝碳市场，构建我国蓝碳交易的法律体系、技术路线、实施方案等，亟待理论与实践的探索。因此，建议：

1. 构建相对独立于全国碳市场的蓝碳交易市场，既与全国碳市场并行发展，又与全国碳市场适当连接，制定和完善蓝碳交易市场的顶层设计，出台相关蓝碳交易市场的法律法规和交易制度。

第一，进一步在国家层面制定蓝碳交易的法律制度和相关规则，在相关法律中对蓝碳资源的保护、开发和利用进行原则性规定；第二，在国务院颁布的全国统一碳市场管理条例中，明确写入蓝碳交易纳入全国统一碳市场的各项实体性与程序性规则，明确蓝碳项目产生的碳抵消信用和抵消的碳配额在国家统一碳市场中的作用和流通地位；第三，设立蓝碳市场的专项法律规定，结合森林碳汇构建自然碳汇的国家管理体制与法律体系，成立由自然资源部牵头的海洋应对气候变化领导小组，管理沿海生态系统碳汇与渔业碳汇项目，成立蓝碳基金作为支持机构；第四，推动蓝碳市场的地方建设，利用蓝碳市场的区域性特征，我国沿海省份可以率先启动蓝碳交易试点的建设，逐步探索和完善蓝碳市场建设及配套法律法规，通过地方立法先行先试；第五，开展碳税与碳交易配合协同创新机制。

2. 结合蓝碳的特点，借鉴国内外碳交易市场的经验和研究基础，建立蓝碳项目的监测、报告和核查（简称"MRV"）体系，组建蓝碳核证核查队伍。

第一，高度重视蓝碳 MRV 制度建设，结合我国蓝碳研究基础，按照科学化、规范化、国际化、动态化的要求，制定科学、规范、统一的蓝碳 MRV 方法学开发、审定的标准和流程，鼓励开展蓝碳及其 MRV 基础研究；第二，不断加强对蓝碳 MRV 工作的管理与监督，构建蓝碳 MRV 管理和监督政策法规体系，依法监督与管理，严格处罚违法违规行为；第三，注重将蓝碳 MRV 体系与国家碳排放 MRV 体系接轨，更好发挥蓝碳交易市场的环境成效和经济成效，更好发挥蓝碳交易市场和全国碳排放权交易市场的协同作用。

3. 探索建立蓝碳标准、方法学及蓝碳核查及清单编制。

第一，通过实地调查和监测，开展基线研究，明确蓝碳生态系统的分布、状况和增汇潜力；第二，研究大型藻类和贝类养殖、红树林、海洋微型生物的固碳机制、增汇途径和评估方法，建立蓝碳监测和调查研究的技术方法和标准体系；以试点为依托，逐步推广建立蓝碳核查数据网络，促进数据共享与标准化建设。在国家温室气体清单中纳入海洋碳汇，有效推动蓝碳在国家层面的发展。

4. 开展基于蓝碳的金融创新，将个人绿色消费模式引入市场，探索建设基于"互联网+"的海洋碳汇项目。

第一，调动全社会参与，开辟良好渠道，实现民间绿色资金的筹集与运营，采取措施鼓励个人、团体、各方企业尤其是互联网机构等能够按照一定规范和计划搭建平台，推动蓝碳项目的发展。第二，联合开发个人及小微企业的碳中和服务，参照国际上通行的自愿减排（VER）交易机制开展 VER 减排项目交易；第三，发挥金融机构的作用，借助交易平台和金融机构创新开发适合蓝碳特点的交易产品、交易模式，发展基于蓝碳增汇和绿色低碳海洋经济的金融工具和金融产品，如碳证券、碳保险、碳融资等，通过风险管控、融资等金融服务，提高蓝碳交易的流动性和活跃度，降低蓝碳交易的风险，为引导资金和技术流向蓝碳增汇和绿色低碳海洋经济发展创造条件，支持蓝色碳汇交易各阶段的实施。

六、发展蓝碳的意义和影响

（一）发展蓝碳对我国的意义

1.将促进沿海地区可持续发展

我国已进入经济发展的新常态，传统资源依赖型的经济增长方式正经历着深刻变革，蓝碳为国民经济发展提供新思路、新机遇和新的增长点。大力发展蓝碳将构建一个以海洋资源环境可持续发展为核心的蓝碳经济新模式和蓝碳产业链。蓝碳经济是利用二氧化碳、过剩营养盐等传统经济副产品，提供生态服务和生态产品的减碳经济，不仅增汇固碳，还提供净化水质、养护资源、降低灾害风险等生态服务。发展蓝碳将催生海洋生态工程、生态旅游、生态养殖等绿色经济相关产业发展，可以催生生态服务、碳交易、碳金融等新型业态的发展，也将创造出更为优美的人居环境，大幅提升区域核心竞争力和生活质量，为推进国民经济其他产业发展创造条件，创造更多就业机会。

2.将促进我国海洋生态养护水平提升

生态文明关系人民福祉，关乎民族未来，要把生态文明建设放在突出地位，努力建设美丽中国。红树林、海草床、滨海沼泽等蓝碳生态系统维系着滨海生态系统的健康和稳定，是生态文明建设的重要内容，也是美丽中国的重要载体。受海洋和海岸带过度开发影响，我国滨海生态系统结构和功能总体上呈退化趋势，自然保护区以外的蓝碳生态系统衰退加剧，形势严峻。发展蓝碳将有效改变现有海洋生态保护格局，实现从点状保护向全面保护转变；将有效促进生态保护观念的创新转变，充分养护滨海沼泽等海岸带生态区；将碳汇价值纳入经济活动流转起来，必将极大提高地方政府、企业和社会保护海洋生态的积极性，推进海洋生态保护向主动积极保护转变。此外，碳汇渔业、贝类藻类养殖、海洋牧场建设也会有助于恢复生物种群、净化水体水质、改善生物栖息环境，为滨海生态系统恢复和保护发挥积极作用。

3. 将提升我国生态系统碳汇能力

《中共中央国务院关于加快推进生态文明建设的意见》提出将增加海洋碳汇作为有效控制温室气体排放的手段之一，蓝碳有潜力增加自然碳汇并创造可观的生态系统服务价值。虽然我国红树林、海草床和滨海沼泽大幅衰退，但它们繁殖、建群和占领新生境的能力强，通过实施海岸带综合治理，有效降低人类活动干扰、积极推动自然恢复和人工修复，这些生态是可以恢复的。除围填海等毁灭性开发活动外，受损生境地形地貌在潮汐、海流的作用下可较快恢复到原始状态，基础条件的恢复有利于蓝碳生物生存繁衍。此外，经过海洋生态环境修复的海域将促进我国贝类、藻类养殖和海洋牧业产量的稳步提高，在以不占陆地，无需投饵，低碳清洁的方式提供了大量优质食物和工业原料的同时，也增加了新的碳汇。

4. 有助于减缓气候变化负面影响

《联合国气候变化框架公约》第二条提出"将大气中温室气体的浓度稳定在防止气候系统受到危险的人为干扰的水平上"；《巴黎协定》进一步提出把全球平均气温升幅控制在工业化前水平以上低于2℃之内，并努力限制在1.5℃之内。减排和增汇是应对全球变化，降低气候变化影响和风险的两个主要途径。海洋是全球最大的碳汇体，发展蓝碳增加海洋碳汇是实现《巴黎协定》温控目标的重要途径之一。蓝碳生态系统通过光合作用、快速埋藏和转化成惰性碳等方式固定封存碳，其固碳量巨大、固碳效率高、碳存储周期长，是减少温室气体的有效方式。与此同时，蓝碳生态系统还具有有效提高沿海地区适应气候变化不利影响的能力。发展蓝碳不占用耕地资源，发展空间广阔，碳汇渔业还可以通过减碳增汇的方式提供优质食物，具有经济成长性，这也符合气候变化框架公约"确保粮食生产免受威胁并使经济发展能够可持续地进行"的目标。

5. 有助于深入参与国际治理

习近平总书记指出要提高我国参与全球治理的能力，着力增强规则制定能力、议题设置能力、舆论宣传能力、统筹协调能力。蓝碳是应对全球气候变化、生物多样性保护和可持续发展等全球治理热点领域的汇聚点，发展蓝碳符合《联合国气候变化框架公约》《保护生物多样性公约》《拉姆萨尔公约》和《二十一世纪议程》等多项国际公约的基本原则。当前，国际社会对蓝碳的作用和重要性已达成共识，但将蓝碳纳入国际治理体系的努力才刚刚起步，亟需负责任的大国积极引领和推进。中国打造人类命运共同体的强烈愿望和蓝碳领域积累的理论和实践基础使得中国有条件、有能力、有义务、有意愿在全球范围内引领蓝碳发展。中国推动将蓝碳纳入全球气候变化治理体系，将对全球气候治理理念、科学基础和制度安排做出创新性贡献。

（二）发展蓝碳的影响

1. 国内影响

将改变我国气候变化治理格局，实现从绿碳增汇为主向蓝绿并重转变。将改变我国海洋经济发展格局，实现经济发展向低碳减碳转变。将改变我国海洋生态保护格局，实现从政府主导、企业缺位向政府引导、企业参与转变。将改变我国海洋食物生产格局，实现从生产要素投入型向资源生态养护型转变。将改变我国沿海灾害防护格局，实现由人工构筑物防护向生态系统防护转变。

2. 国际影响

（1）将受到国际组织的广泛欢迎。UNEP、FAO、IOC/UNESCO、IUCN、CI等政府间和非政府国际组织是推动蓝碳发展的主要力量，目前，蓝碳的发展处于从理论到实践的关键阶段，中国及时倡导国际社会发展蓝碳将获得国际组织的广泛支持，并将极大提升我国在这些组织中的影响力。

（2）将得到小岛屿国家的坚定支持。小岛屿国家的海草床、红树林、滨海沼泽等蓝碳生态系统十分丰富，受气候变化的负面影响却最为严重。中国推动国际蓝碳发展将为小岛屿国家应对气候变化提供新的资金和技术渠道，也将进一步唤起国际社会对小岛屿国家的关注。

（3）将得到发展中国家的广泛支持。从自然地理上看，发展中国家主要分布于蓝碳集中分布的亚热带、热带区域。中国推动蓝碳发展将为广大发展中国家应对气候变化创造新的机遇，促进不同海洋区域生态系统的保护。

（4）将得到大部分发达国家的支持。蓝碳属于低敏感的环境和气候变化议题，发展蓝碳对发达国家应对气候变化也具有积极意义。于此同时，在发达国家，可持续发展和环境保护的理念已深深根植于社会之中，占据道德高地。因此，绝大部分发达国家都会支持蓝碳发展。

总的来说，发展蓝碳符合中国生态文明建设理念，对促进经济社会可持续发展，积极应对气候变化具有重要意义。中国发展蓝碳的努力将推动国际气候变化治理进程，将得到国际社会的广泛支持。

七、蓝碳政策

（一）我国应对气候变化的政策和机制

中国高度重视气候变化问题，把积极应对气候变化作为国家经济社会发展的重大战略，围绕应对气候变化工作制定了若干政策。2007 年，《中国应对气候变化国家方案》，明确了到 2010 年中国应对气候变化的具体目标、基本原则、重点领域及其政策措施，成为了第一个制定并实施应对气候变化国家方案的发展中国家。2011 年，《"十二五"控制温室气体排放工作方案》，提出了"碳强度"、"能源强度"、非化石能源比重、森林覆盖率和森林蓄积量等相关目标。2014 年，《国家应对气候变化规划（2014 至 2020 年）》提出，到 2020 年，实现单位国内生产总值二氧化碳排放强度比 2005 年下降 40% 至 45%，非化石能源占一次能源消费的比重达到 15% 左右，森林面积和蓄积量分别比 2005 年增加 4000 万公顷和 13 亿立方米的目标。

2015 年，我国政府向联合国气候变化框架公约秘书处提交了《国家自主贡献》文件，提出二氧化碳排放 2030 年左右达到峰值并争取尽早达峰、单位国内生产总值二氧化碳排放强度比 2005 年下降 60% ～ 65%、非化石能源占一次能源消费比重达到 20% 左右、森林蓄积量比 2005 年增加 45 亿立方米左右等目标。2016 年，国务院印发《"十三五"控制温室气体排放工作方案》，提出到 2020 年碳强度比 2015 年下降 18%，碳排放总量得到有效控制，非二氧化碳温室气体控排力度进一步加大，支持优化开发区域碳排放率先达到峰值，力争部分重化工业 2020 年左右实现率先达峰，碳汇能力显著增强等目标。

在应对气候变化机制方面，2007 年 6 月，国务院决定成立国家应对气候变化及节能减排工作领导小组（以下简称"领导小组"），对外视工作需要称国家应对气候变化领导小组或国务院节能减排工作领导小组，作为国家应对气候变化和节能减排工作的议事协调机构。领导小组的主要任务是：研究制订国家应对气候变化的重大战略、方针和对策，统一部署应对气候变化工作，研究审议国际合作和谈判对案，协调解决应对气候变化工作中的重大问题；组织贯彻落实国务院有关节能减排工作的方针政策，统一部署节能减排工作，研究审议重大政策建议，协调解决工作中的重大问题。2008 年，国家发展与改革委员会设立了应对气候变化司，专门负责统筹协调和归口管理国家应对气候变化工作，落实国家应对气候变化领导小组有关具体工作。2018 年，全国人民代表大会表决通过了国务院机构改革方案，组建生态环境部，原国家发展和改革委员会应对气候变化和减排职责划转到生态环境部。目前，全国各省（自治区、直辖市）均成立了以省级行政首长为组长的应对气候变化领导小组并建立省内部门分工协调机制。

（二）应对气候变化的制度和措施

1. 相关制度

（1）考核评估制度。我国已基本形成省级人民政府碳排放强度目标评价考核体系，逐步形成地方二氧化碳排放及碳强度下降目标年度核算常态化工作机制。"十一五"期间，我国建立了自上而下的能源强度管理制度，分解落实节能目标责任，建立了统计监测考核体系，对全国 31 个省级政府和千家重点企业节能目标完成情况和节能措施落实情况进行定期评价考核。"十二五"以来，我国开展了对各省（自治区、直辖市）人民政府的单位国内生产总值二氧化碳排放降低目标责任考核评估，并将二氧化碳排放强度降低指标完成情况纳入各地区（行业）经济社会发展综合评价体系和干部政绩考核体系。

（2）温室气体排放报告制度。我国已建立温室气体排放报告制度，建立了重点企业温室气体核算报告平台，全国大部分省市建立或启动了本地的报告平台建设，陆续开展了重点企（事）业单位温室气体排放数据报送工作。

（3）碳排放权交易制度。我国在 2011 年选择在北京、天津、上海、重庆、广东、湖北、深圳 7 个省市开展碳排放权交易试点工作。各试点地区积极探索建立各自的碳排放权交易体系建设。截至 2017 年 9 月，7 个试点碳市场共纳入 20 余个行业、近 3000 家重点排放单位，累计成交排放配额约 1.97 亿吨二氧化碳当量，累计成交额约 45.16 亿元。

在全国碳排放权交易市场建设方面，2017 年，印发了《全国碳排放权交易市场建设方案（发电行业）》，全国碳排放交易体系建设正式启动。在温室气体自愿减排交易体系建设方面，发布了《温室气体自愿减排交易管理暂行办法》和《温室气体自愿减排项目审定与核证指南》，开展了温室气体自愿减排方法学体系、核查机构、注册登记系统和交易平台建设。截至 2017 年 3 月，中国已开发 198 个温室气体自愿减排方法学，12 家机构获得温室气体自愿减排项目审定和减排量核证机构资格，累计公示温室气体自愿减排审定项目 2871 个，备案项目 1315 个。截至 2016 年底，国家温室气体自愿减排交易注册登记系统已实现与 7 个碳交易试点省市和福建、四川的碳交易平台对接，累计成交减排量 8111 万吨二氧化碳当量，累计成交额约 7.2 亿元。

2. 统计核算体系

（1）基础统计。我国已建立了应对气候变化统计指标体系，并将温室气体排放基础统计指标纳入政府统计指标体系，建立健全了与温室气体清单编制相匹配的基础统计体系。截至 2017 年底，已有 27 省（区、市）统计部门配备了专职人员负责应对气候变化相关统计核算工作，21 省（区、市）利用省级财政资金支持应对气候变化相关的统计工作。

（2）清单编制。我国的温室气体清单工作已步入常态化，已建立温室气体清单数据库，并启动省级温室气体清单编制工作。"十一五"期间，组织编制中国 2005 年温室气体排放清单，"十二五"期间，启动 2010 年和 2012 年国家温室气体清单编制相关工作，发布《省级温室气体排放清单编制指南（试行）》，组织对全国 31 个省（自治区、直辖市）2005 年和 2010 年本地区的温室气体排放清单进行评估和验收。"十三五"以来，编制形成 2012 年国家温室气体清单总报告，25 省（区、市）完成了 2012 年和 2014 年省级温室气体清单的编制工作。我国政府分别在 2004 年、2012 年向联合国提交了《中华人民共和国气候变化初始国家信息通报》和《中华人民共和国气候变化第二次国家信息通报》，并在 2017 年提交了《中华人民共和国气候变化第一次两年更新报告》。

3. 应对气候变化试点示范

"十二五"时期，国家发展和改革委员会启动国家低碳省区和低碳城市试点工作，分别在 2010 年和 2012 年分两批选择了 6 个省和 36 个城市开展低碳省区和低碳城市试点工作。各试点地区制定低碳试点工作实施方案，加快建立以低碳为特征的工业、建筑、交通、能源体系，倡导绿色低碳的生活方式和消费模式，从整体上带动和促进全国范围的绿色低碳发展。在两批试点省市中，有 33 个试点省市编制完成了低碳发展专项规划，有 13 个试点省市编制完成了应对气候变化专项规划，有 37 个试点省市研究提出了实现碳排放峰值的初步目标。"十三五"时期，国家发展和改革委员会组织开展了对第一批和第二批低碳省区和低碳城市试点经验的总结评估，并于 2017 年确定在内蒙古自治区乌海市等 45 个城市（区、县）开展第三批低碳城市试点，低碳省市试点总数达到 87 个。目前，已有 86 个低碳试点地区已提出或拟提出碳排放达峰目标。

4. 开展重点科学研究

国家安排的一批科研项目，重点研究河口、近海、陆架、深海等典型海域环境中各类微型生物功能类群（自养、异养、原核、真核生物）、浮游动物和代表性游泳生物的生态特性及其在相应海洋环境碳循环中的地位与作用；研究典型海洋生态系统群落结构与生态演替规律，揭示不同尺度上碳汇格局的时空分异、演化及其影响因素，阐明碳循环与其他元素循环的生物、物理和化学耦合机制；揭示固碳、储碳各个环节（碳吸收、生产、转化、释放）的过程与机理；古今结合评估海洋环境碳汇过程及其源汇格局在全球变暖、海洋酸化、海洋缺氧等全球变化环境下的反应及反馈；通过实验模拟和模型预测实现微观过程与宏观过程的链接，揭示海洋碳汇的形成过程与调控机制，及其与环境和气候变化的关系，取得了一批有国际影响的科研成果。

5. 加强监测、评价、标准体系建设

近年来，国家逐步建立海洋碳汇相关的生物、化学、沉积等监测方法与技术、计量步骤，以及操作规范、评价体系；建立反映海洋固碳与储碳潜力的技术指标和评估指标体系，研发制订海洋碳汇标准；根据海洋碳汇现存量和研发潜力，制定流域和海岸带区域碳排放清单；建立相应的地理信息系统和生态系统碳汇基线，以及流域—海岸带—近海的碳核算体系；建立基于海洋增汇方案的自愿减排交易运行框架、交易流程与技术支撑体系。

（三）我国蓝碳政策的发展

近几年，中国政府将生态文明建设放在前所未有的高度，蓝碳在应对气候变化和改善海洋生态环境等方面的重要作用也日益受到重视，逐步认识到增加海洋碳汇是有效控制温室气体排放的手段之一。《生态文明体制改革总体方案》提出要建立增加海洋碳汇的有效机制，拓展蓝色经济空间。"十三五"《规划纲要》提出，要加强海岸带保护与修复，实施"南红北柳"湿地修复工程、"生态岛礁"工程、实施"蓝色海湾"整治工程。"；《"十三五"控制温室气体排放工作方案》提出"探索开展海洋等生态系统碳汇试点"。《"十三五"应对气候变化科技创新专项规划》提出将开展海洋渔业增汇技术与管理模式的实验示范、研究开发我国近海蓝色碳汇功能及海陆统筹的增汇技术和碳汇渔业发展模式列为我国减缓气候变化技术研发和应用示范的重要任务。《关于完善主体功能区战略和制度的若干意见》提出要探索建立蓝碳标准体系及交易机制。《中华人民共和国气候变化第一次两年更新报告》总结了我国在"十二五"期间关于发展海洋蓝色碳汇方面的已有工作，包括开展固碳相关技术研究和示范以及开展生态系统监测等方面的进展。

近年来，国际社会已经认识到蓝碳在应对气候变化方面的重要作用，正着手推动蓝碳纳入2020年后《巴黎协定》相关机制。蓝碳国际合作发展呈现阶段性特点，国际气候规制和蓝碳科学发展影响和指引着蓝碳国际合作的方向和内容，研判蓝碳国际合作的特点和趋势，提出符合我国国情的蓝碳政策对于推进我国海洋生态文明建设，深入参与全球气候和海洋治理是十分必要和紧迫的。

中国在蓝碳国际合作方面也存在着一些亟需解决的问题。到目前为止，我国没有参与包括"蓝碳倡议""国际蓝碳伙伴"等在内的国际蓝碳合作平台，缺乏与国际蓝碳科学界和相关国家交流的渠道，也正因为如此我国科学家提出的渔业碳汇、微型生物碳泵等具有前瞻性的理论对国际蓝碳科学和政策的影响力有待提升。与澳大利亚、美国、沙特阿拉伯和欧盟国家相比，我国蓝碳基础数据不够系统完整，影响到了我国蓝碳的进一步深入发展，也制约了参与国际蓝碳事务的努力。若不及时改变这一局面，我国将错失引领国际蓝碳发展的历史机遇。

（四）我国蓝碳发展的政策建议

当前，我国推动蓝碳事业发展应从国内、国际两个方面双管齐下。在国内以夯实基础、补足短板为主，国际上以积极参与、适时引领为主要方向。在国内方面，一是加强蓝碳基础研究和实践。积极推动蓝碳理论、评估方法、增汇技术的原始创新。在蓝碳汇/源形成与驱动机制、人类活动和气候变化对蓝碳的影响和相互作用机制、蓝碳政策体系和国际治理等研究领域取得突破；引导沿海地方保护、恢复红树林、海草床、滨海沼泽、海藻场、牡蛎礁等蓝碳生态系统，提高沿海地区减缓和适应气候变化能力和海岸带生态系统健康水平。二是建立蓝碳评估标准。借鉴吸收已有绿碳和蓝碳标准及方法学，建立海草床、红树林、滨海沼泽、牡蛎礁、贝藻类养殖、微生物泵等方面的调查、监测、评估标准和方法学体系。在此基础上开展我国蓝碳本底调查和储量估算，推动将蓝碳纳入我国国家温室气体清单。三是加快蓝碳人才队伍建设。形成蓝碳调查、监测、统计技术支撑队伍。通过自主培养、国际合作、人才引进等方式，培养既掌握蓝碳理论方法，又熟悉可持续发展、生态环境保护和气候变化政策的复合型蓝碳人才。支持我国科学家参加国际蓝碳组织和计划。

在国际方面，一是积极参与现有国际蓝碳计划。通过申请加入国际蓝碳伙伴会议、推荐科学家进入蓝碳倡议科学工作组和政策工作组，积极介入国际蓝碳事务，宣传中国蓝碳主张和立场，与相关国家政府、国际组织、研究机构建立联系。二是开展双边、多边蓝碳合作。与发达国家开展蓝碳保护、修复、增汇技术交流，提高我国蓝碳科学研究、标准制定和政策制定水平。利用好中国气候变化南南合作基金，深化与发展中国家在蓝碳调查、保护和碳汇渔业等领域合作；将蓝碳纳入"21世纪海上丝绸之路"建设，积极与小岛屿国家开展蓝碳生态系统保护恢复技术合作。三是推动全球蓝碳治理。推动将蓝碳引入联合国、G20、APEC等多边机制议题，推动IPCC制定涵盖海岸带生态系统、贝藻类养殖的国家温室气体清单方法学指南，并纳入各国国家温室气体清单。

1. 构建顶层设计

（1）建立蓝碳发展体制机制。建议在国务院应对气候变化工作领导小组的统一协调下，由自然资源部牵头，在现有国家应对气候变化政策框架和制度安排下，凝聚发展共识，按照中央统一部署、部门通力协作、地方贯彻实施、企业积极参与的发展思路，构建温室气体减排、生物多样性保护、海岸带综合管理、沿海地区可持续发展四位一体的蓝碳发展格局，实现经济建设、社会建设和生态文明建设协同推进。推动相关法规、政策、规划的制定和实施。

（2）强化蓝碳在国家应对气候变化政策中的作用。将发展蓝碳作为国家应对气候变化政策体系的重要组成部分，明确蓝碳保护、管理和增汇的相关政策措施。在国家应对气候变化战略、国家长期温室气体低碳减排发展战略和国家适应气候变化战略制定和修订过程中，强化发展蓝碳的重要性，实施国家蓝碳行动。在温室气体排放控制五年工作方案中，加大对发展蓝碳的政策和项目支持。发布中国蓝碳报告白皮书，从国家层面确认蓝碳在增加碳汇、缓解气候变化影响方面的地位和作用。

（3）制定国家蓝碳发展规划。将蓝碳作为拓展蓝色经济空间、保护海洋生态、增加碳汇、促进可持续发展的重要手段，统筹部署全国蓝碳发展。明确我国蓝碳发展的指导思想、战略目标、基本原则、重点任务、行动计划和保障措施。

2. 加强基础能力建设

（1）加强蓝碳基础研究。积极推动蓝碳基础理论、评估技术、增汇方法、政策研究的原创性创新。设立蓝碳重大科研专项，力争在蓝碳生态系统碳循环特征、蓝碳汇/源形成与驱动机制、人类活动和气候变化对蓝碳潜力相互作用机制、蓝碳区划、蓝碳政策体系和国际治理等研究领域取得重大突破。健全常态化研究机制，设立蓝碳基础研究、技术研发及政策研究专项。加强对海洋微生物碳汇研究的支持力度，开展微生物碳泵理论的应用示范研究。

（2）构建蓝碳标准体系。借鉴吸收已有国际减排、增汇、绿碳和蓝碳标准和方法学体系，在对滨海湿地、海草床、红树林、碳汇渔业、微生物泵等重点领域长期调查监测的基础上，建立我国蓝碳调查、监测、评估和核算的标准和方法学体系。推动相关标准和方法学成为国际公认标准。

（3）完善蓝碳监测体系。借助相关部门、企业、科研机构和社会监测能力，建立涵盖卫星遥感、航空遥感、在线监测、现场调查的全国蓝碳立体监测网络。开展蓝碳普查、专项调查、长期监测等基础性调查监测活动，建立蓝碳数据库，提供碳汇评估等市场化服务。

（4）加快蓝碳人才队伍建设。成立专门的研究机构，建立规范化、制度化的蓝碳人才培养、技能认定机制，形成蓝碳调查、监测、统计基层技术支撑队伍。通过自主培养、国际合作、人才引进等方式，培养既掌握蓝碳理论方法，又熟悉可持续发展、生态环境保护和气候变化政策的复合型蓝碳人才。鼓励我国科学家参与并引领国际蓝碳组织和计划。

3. 实施蓝碳工程

（1）蓝碳生境重建工程。在"南红北柳""蓝色港湾""海洋牧场"等"十三五"重大工程的基础上，总结蓝碳生态系统保护和恢复经验，实施蓝碳生境重建工程。实施"退塘还林"和"退养还滩"工程，开展基于生态系统的海洋综合管理，拆除典型蓝碳生境内的养殖池塘、围堰，推动红树林、滨海沼泽生境恢复、修复，通过建立自然保护区和国家公园，重建珍稀濒危海洋生物家园；在潮下带实施"浅草深藻"工程，近岸 -3 米水深以内浅海重建海草床，-3 米以深海域重建海藻场，养护和培育海洋生物的产卵场、育幼场和索饵场。

（2）渔业碳汇扩增工程。实施"蓝碳养殖"工程，以不影响养殖对象生产的方式提高生物固碳量，推广开放水域贝、藻、底栖生物等不投饵生物标准化混养，形成多层次、立体化生态养殖格局。实施"蓝碳牧业"（海洋牧场）工程，加强自然条件下，海洋生物资源养护和管理，提高增殖放流的科学性，构建人工鱼礁上升流区，复建原有种群和群落，推动传统渔场、海洋牧场资源恢复。建立渔业碳汇示范区。实施"蓝碳捕捞"工程，构建黄海绿、赤潮（浒苔等有害藻类）资源化利用产业体系，变害为宝，形成集规模化捕捞、压缩运输、产品加工等的产业链群。

（3）人工蓝碳示范工程。将人工固碳作为蓝碳的重要补充，积极支持相关研究、示范和推广。实施"微型生物碳汇"示范工程，基于海洋生物泵与微型生物碳泵等科学原理，响应国家陆海统筹战略需求，建立人工海洋增汇示范区，选择典型近海与河口等环境进行试验、示范，探索智能化人工上升流等海洋碳源汇机制、最佳增汇适用条件和增汇效果，实现亚健康近海生态系统的环境修复与增加海洋碳汇双重效应，推动新型海洋低碳技术的应用。实施"蛎礁藻林"工程，以人工块体为附着基恢复浅海活牡蛎礁群，建立以活牡蛎礁为基底的野生海藻场，形成野生贝藻生态系统，拓展蓝碳富集区和海洋生物栖息地。实施"陆上蓝碳"工程，推动以微藻为代表的海洋生物质能陆基工厂化生产，加强提取、提纯技术研发和规模化生产、应用。

4. 营造发展环境

引导社会力量发展蓝碳。加强蓝碳宣传教育，提升蓝碳社会认知度，动员各部门和全社会积极参与蓝碳建设。推动建立产业联盟和专业服务机构，引导社会力量和社会资金参与蓝碳生态系统保护、修复和管理，鼓励传统养殖业向碳汇渔业和海洋牧业转变。

加强对蓝碳的宣传引导，编制蓝碳相关教材，培养师资队伍，培养蓝碳 MRV 和市场专业人才；构建蓝碳的宣教网络，多渠道普及蓝碳知识，提升公众对蓝碳的认知度和认可度，为中国蓝碳的发展营造良好的社会氛围。

5. 建立蓝碳交易市场

构建相对独立于全国碳市场的蓝碳交易市场，既与全国碳市场并行发展，又与全国碳市场适当连接，制定和完善蓝碳汇交易市场的顶层设计，出台相关蓝碳市场的法律法规和交易制度。进一步在国家层面制定蓝色碳汇交易的法律制度和相关规则，在相关法律中对蓝碳资源的保护、开发和利用进行原则性规定；在国务院颁布的全国统一碳市场管理条例中，明确将蓝色碳汇交易纳入全国统一碳市场的各项实体性与程序性规则，明确蓝色碳汇项目产生的碳抵消信用和抵消碳配额在国家统一碳市场中的作用和流通地位；推动蓝碳市场的试点建设和地方建设，利用蓝碳市场的区域性特征，我国沿海省份可以率先启动蓝色碳汇交易试点建设，逐步探索和完善蓝碳市场建设及配套法律法规，通过地方立法先行先试；开展碳税与碳交易配合协同创新机制。

6. 拓宽资金渠道

（1）制定蓝碳财税政策。加大财政支持蓝碳产业发展力度，安排相应预算资金支持蓝碳试点示范、技术研发、能力建设和宣传教育。通过补贴、奖励等财政措施和免税、减税和税收抵扣等税收措施，促进蓝碳产业和技术发展。在资源税、环境税等税制改革中，统筹考虑蓝碳发展需要，将蓝碳纳入碳税制度改革与研究中。

（2）完善蓝碳投融资政策。引导社会资本、外资注入蓝碳产业，在蓝碳领域推动各种融资模式。引导政策性银行、商业银行创新金融产品和服务方式，拓宽蓝碳产业融资渠道，积极为符合条件的蓝碳项目提供融资支持。推动建立支持蓝碳发展的政策性专业投融资机构，建立和完善多元化资金渠道支持蓝碳发展的投融资机制。

（3）建立中国蓝碳发展基金。面向国内外企业、组织、团体和个人募集资金。通过政府引导，企业支持，社会化运作，支持蓝碳生态系统管理与保护、滨海适应气候变化、蓝碳生境重建、碳汇渔业、海洋牧场建设等蓝碳项目建设。

7. 推动国际合作

提升蓝碳国际认知度和引导力。提升蓝碳国际传播力，定期举办国际蓝碳学术会议、论坛和展览，创办国际蓝碳学术期刊，鼓励我国科学家在国际蓝碳政策报告和技术报告编制中发挥引领作用。邀请国际蓝碳领域知名学者来华交流合作，推动国际社会认识并认可渔业碳汇、微型生物碳汇对于增汇的重要地位和作用。

（1）引领国际蓝碳标准和方法学。发起"全球蓝碳资源调查计划"，实施全球和国家尺度蓝碳生态系统、渔业碳汇和微型生物碳汇通量和储量测量，联合发布全球和国家蓝碳基线。发起成立国际蓝碳标准和方法学工作组，推动国际蓝碳标准和方法学体系建设，向国际社会推广我国成熟的蓝碳核算、评估和报告的标准和方法学体系。积极引领全球性和行业性多边蓝碳标准、交易规则和制度制定。推动政府间气候变化专门委员会（IPCC）制定适用于蓝碳的"国家温室气体清单方法学指南"。

（2）推动将蓝碳纳入国际海洋治理。深化我国在双边、多边和国际组织中的蓝碳合作和交流，推动将蓝碳引入 G20、APEC 等多边机制议题。发起成立国际蓝碳组织，争取将常设机构设在我国。积极推动将蓝碳议题纳入 IPCC "气候变化与海洋和冰冻圈特别报告"以及"IPCC 第六次评估报告"，逐步推动将海岸带蓝碳生态系统、渔业碳汇、微型生物碳汇纳入国家温室气体清单、国家减缓和适应行动，推动发布《蓝碳与减缓气候变化及其影响特别报告》。

（3）加强蓝碳双边合作。加强与发达国家开展蓝碳保护、修复、增汇技术交流，提高我国蓝碳科学研究、标准制定和政策制定水平。在中国气候变化南南合作基金框架下，深化与发展中国家在蓝碳监测、蓝碳保护和碳汇渔业等领域合作；将蓝碳纳入"21世纪海上丝绸之路"建设，设立中国—小岛屿国家蓝碳发展援助项目，积极开展小岛屿国家蓝碳生态系统保护恢复技术援助，建立国际蓝碳合作示范区和示范项目。

结　语

在对海洋碳汇进行了十余年的研究后，我们逐渐领悟到单纯的微观技术难以解决人类面临的如此重大的共同命运问题，我们寄予厚望的从《联合国气候变化框架公约》《京都议定书》《巴黎协定》等众多的国际政治解决方案没有起到彻底解决减缓气候变化问题的作用，气候变化的趋势反而是以一种不可逆的惯性而一发不可收拾。自 1995 年《联合国气候变化框架公约》生效以来，全世界为应对气候变化给人类可能带来的灾害性影响做出了巨大努力，倡导绿色经济、低碳生活，将环境保护提到了前所未有的高度。但是，我们不得不遗憾地承认，这一切的努力、期望与得到的实际效果间存在着巨大落差。问题到底出在哪里？值得所有关注这一问题人们的共同反思。气候变化问题涉及国际政治、外交、气象、地理、环境、金融、贸易等诸多领域，是当今国际社会面临的最大、最复杂、最重要的问题。以《联合国气候变化框架公约》为基础的一系列解决方案没有起到应有的作用，是不是制度设计方面出现了偏差？实际上有关质疑在《京都议定书》之后举行的多哈、哥本哈根等会议上就已经初现端倪。矛盾在逐步积累和激化，从美国、俄罗斯等大国不加入或退出《京都议定书》；欧盟单方面提出开征航空、航海碳税；《巴黎协定》谈判过程中各利益集团间针锋相对；到相对《京都议定书》而言《巴黎协定》完全丧失了强制性，可以说是一种停滞或倒退；到 2017 年德国波恩会议美国特朗普政府彻底退出《巴黎协定》气候谈判；77 国集团和中国等发展中国家提出的"共同但有区别的责任"原则受到了越来越多的挑战。似乎《气候变化框架公约》以来建立的全球应对气候变化的总体治理框架遇到了前所未有的危机。

2018 年，全球又经历了一个酷热的夏天，全球多地出现持续高温，特别是北半球，多地出现创纪录的高温热浪、干旱和强降水等极端天气。亚洲、欧洲、北美洲和北部非洲遭遇严重酷暑，2018 年正在成为有史以来最热的年份之一。极端天气对人类健康、农业、生态系统以及基础设施造成重大不利影响，各地洪涝灾害、高温中暑导致的死亡人数比往年显著增多。在挪威北部的北极圈，7 月 17 日，最高气温达到 33.5℃，创下了七月份气温的历史新高。在瑞典，仅七月中旬就发生了约 50 起因高温和干燥而引发的森林火灾。斯堪的纳维亚半岛国家面对突如其来的多处森林大火，创纪录的高温显得束手无策。地球正在闷烧，同年夏季，从美国西雅图到西伯利亚，火焰吞噬了北半球大片土地，席卷加利福尼亚州的 18 场火灾是该州历史上灾情最严重的火灾。7 月初在雅典附近的沿海地区肆虐的火焰导致 91 人丧生。其他地区的人们也在快要窒息的高温天气中备受煎熬，仅在日本就有约 125 人因热浪而死。

2018 年的高温等极端天气再次敲响气候变化的警钟，凸显了全球合力落实《巴黎协定》，严格限制温室气体排放的必要性和紧迫性。在全球气候变化的背景下，原有的气象规律被打破，一些地方极端天气越来越多，未来还可能进一步增加甚至常态化。如果人类不能有效控制温室气体排放，全球气候持续变暖的趋势将难以遏制，将会面临更高的风险。气候变化议题再一次引起了全世界的关注，怀疑论和阴谋论的主张在残酷的现实面前显得那么苍白无力。科学家们对《巴黎协定》确立的全球应对气候变化设定的目标能否实现疑虑重重，自《斯特恩报告》以来更为悲观的情绪弥漫开来，连一些颇具影响的研究机构也相继提出"到本世纪末，即使全球气候协定规定的减排目标得以实现，全球平均气温仍将升高 4℃至 5℃。此类进程包括永冻土解冻、海底甲烷水合物逸出、陆地和海洋碳汇趋弱、北极夏季海冰消失以及南极海冰和极地冰盖规模减少。这些临界要素可能会像多米诺骨牌那样，一旦一张牌被推倒，后果将难以避免。极地冰盖和永冻土的融化和解冻，海平面将会升高 12 至 13 米，将淹没和威胁所有岛屿和大部分沿海地区，全球能存活的人数将不超过 10 亿人"。德国波兹坦气候影响研究所所长汉斯·约阿西姆·舌尔恩胡伯等人发表了这份令人毛骨悚然的报告，似乎人类正在输掉这场至关重要的气候战争。

对于气候变化的大探讨早已不再是局限于环境层面的科学问题，它已上升为政治问题和经济问题。其本质是各国对于未来发展权的争夺，在高可信度的科学分析基础之上，气候变化议题树立了人类生存的道德旗帜。

▶▶▶ 结　语

任何一个国家政府都无法正面挑战人类行为导致气候变化，而且变暖的定论。习近平总书记在全国生态环境保护大会上强调："要实施积极应对气候变化国家战略，推动和引导建立公平合理、合作共赢的全球气候治理体系。彰显我国负责任大国形象，推动构建人类命运共同体。""环球同此凉热"没有人能置身事外。为了一个更安全，更洁净的地球村，让我们积极行动起来，成为环境保护、气候治理的积极参与者，尊重自然、顺应自然，保护自然，努力实现人与自然的和谐共生。

这就不得不再回到我们这一报告的主旨，海洋碳汇问题。我们坚定地认为，海洋碳汇是解决我们这一星球面临的气候变化问题关键所在。自联合国《蓝碳报告》发布以来，国际社会对蓝碳的作用和重要性已达成广泛共识，并已开始由科学认识层面向政策实施层面推进。作为地球上最大的碳汇体，海洋承担着拯救人类社会至关重要的责任。

中国蓝碳发展潜力巨大，年碳汇量约 2.9 至 3.65 亿 t CO_2。中国的蓝碳研究和实践走在世界前列。中国科学家率先提出了渔业碳汇理念和微型生物碳泵理论，在蓝碳基础科学研究、监测调查、标准和方法学研究等方面取得了丰硕成果，为推进蓝碳发展奠定了坚实基础。鉴于目前科学技术发展水平存在着阶段性局限，我们还没有能力对如此广袤、复杂多变的海洋生态过程，特别是海洋碳汇中最大的微生物碳汇做出更为精准的计量，也缺少对各种碳泵运行机制更为科学的实证分析，我们一些相当前沿的科学观点还没有得到学界的广泛共识，本报告不得不做出令人遗憾的取舍，只是对我们多年研究中具有充分理论实践证明的结果做出了总结。中国科学家们认识到与黑碳"控制"、绿碳"扩增"不同，蓝碳的核心发展理念是"养护和健康"。大力发展蓝碳将有力推动我国国民经济健康发展，促进滨海生态系统保护，大幅提高生态系统碳汇能力，显著提升我国参与全球气候变化的国际话语权和综合治理能力。

中国政府高度重视蓝碳发展。"十三五"期间，《中共中央国务院关于加快推进生态文明建设的意见》、《"十三五"规划纲要》、《"十三五"控制温室气体排放工作方案》等均对发展蓝碳做出部署。总的来看，中国已具备发展蓝碳的一切有利条件，应当抓紧构建顶层设计，加强基础能力建设、实施蓝碳工程、营造发展环境、拓宽资金渠道、推动国际合作，努力为我国可持续发展和国际应对气候变化事业做出贡献。

在本报告的撰写过程中，我们参考了大量同行和学术前辈们的研究成果，本报告的许多资料和观点都来自于他们的辛勤劳动和智慧凝聚。正是由于他们奠定的基础，才使得本报告得以顺利付梓。对于报告中引用的观点和资料我们都尽可能在参考文献中列出，但在汗牛充栋的著作和文献资料中，有些观点、引文的出处实在难以详尽列举，在此一并表示歉意和衷心感谢。

感谢焦念志、唐启升院士对我们的指导、帮助、支持和理解。感谢他们以及许多我们无法一一列举的专家学者给予我们的帮助和支持。他们最前沿的研究和实践工作无疑是这一新兴领域逐步发展成熟的基石。感谢国家海洋局王宏、孙书贤、石青峰、张占海、刘岩等领导对本报告的关心和指导。

我们深感自己才疏学浅，只是希望能籍此为这一伟大的事业贡献自己的绵薄之力，报告中不足之处，敬请指正。

附　表

附表1　拟建立的蓝碳行业标准体系、框架和明细表

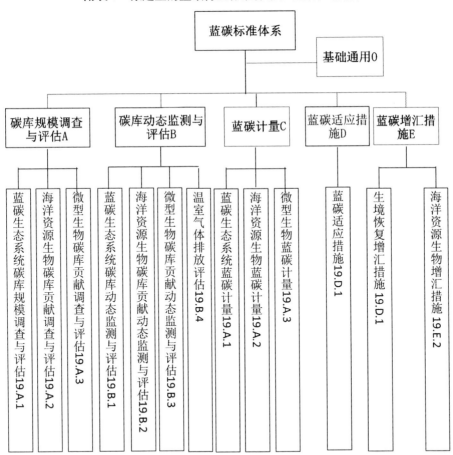

附表 2　基础通用标准明细表

序号	标准体系编号	标准号或标准项目号	标准名称	性质与级别
1	19.0.-01		蓝碳术语	HY/T
2	19.0.-02		蓝碳制图技术标准	HY/T
3	19.0.-03		蓝碳数据处理和质量控制要求	HY/T
4	19.0.-04		蓝碳统计和清单编制技术标准	HY/T
5	19.0.-05		蓝碳监测体系技术标准	HY/T
6	19.0.-06		蓝碳调查站位布设技术标准	HY/T
7		GB 17378.5-2007	海洋监测规范第 5 部分：沉积物分析	GB
8		GB/T 20260-2006	海底沉积物化学分析方法	GB/T
9		GB/T 30740-2014	海洋沉积物中总有机碳的测定非色散红外吸收法	GB/T

附表 3　蓝碳生态系统碳库规模调查与评估标准明细表

序号	标准体系编号	标准号或标准项目号	标准名称	性质与级别
1	19.A.1-01		蓝碳生态系统碳库规模调查与评估规程：总则	HY/T
2	19.A.1-02		蓝碳生态系统碳库规模调查与评估规程：海草床	HY/T
3	19.A.1-03		蓝碳生态系统碳库规模调查与评估规程：红树林	HY/T
4	19.A.1-04		蓝碳生态系统碳库规模调查与评估规程：滨海湿地	HY/T
5	19.A.1-05		蓝碳生态系统碳库规模调查与评估规程：海藻床	HY/T
6	19.A.1-06		蓝碳生态系统碳库规模调查与评估规程：牡蛎礁	HY/T
7	19.A.1-07		蓝碳生态系统碳库规模调查与评估规程：柽柳	HY/T
8	19.A.1-08		蓝碳生态系统碳库规模调查与评估规程：互花米草	HY/T
9	19.A.1-09		蓝碳生态系统碳库规模调查与评估规程：无瓣海桑	HY/T
10		HY/T 080-2005	滨海湿地生态监测技术规程	HY/T
11		HY/T 081-2005	红树林生态监测技术规程	HY/T
12		HY/T 083-2005	海草床生态监测技术规程	HY/T

附表 4　海洋资源生物碳库贡献调查与评估标准明细表

序号	标准体系编号	标准号或标准项目号	标准名称	性质与级别
1	19.A.2-01	201601007-T	养殖贝类碳汇计量方法 碳储量变化法	HY/T
2	19.A.2-02	201601008-T	养殖大型藻类碳汇计量方法 碳储量变化法	HY/T
3	19.A.2-03		海洋资源生物碳库贡献调查与评估技术规程：总则	HY/T
4	19.A.2-04		海洋资源生物碳库贡献调查与评估技术规程：大型藻类（筏式养殖）	HY/T
5	19.A.2-05		海洋资源生物碳库贡献调查与评估技术规程：紫菜	HY/T
6	19.A.2-06		海洋资源生物碳库贡献调查与评估技术规程：贝类（筏式养殖）	HY/T
7	19.A.2-07		海洋资源生物碳库贡献调查与评估技术规程：贝类（底播增殖）	HY/T
8	19.A.2-08		海洋资源生物碳库贡献调查与评估技术规程：海洋牧场	HY/T

附表 5　微型生物碳库贡献调查与评估标准明细表

序号	标准体系编号	标准名称	性质与级别
1	19.A.3-01	微型生物碳库贡献调查与评估技术规程：总则	HY/T
2	19.A.3-02	微型生物碳库贡献调查与评估技术规程：海洋细菌	HY/T
3	19.A.3-03	微型生物碳库贡献调查与评估技术规程：超微型浮游植物	HY/T

附表 6　蓝碳生态系统碳库动态监测与评估标准明细表

序号	标准体系编号	标准号或标准项目号	标准名称	性质与级别
1	19.B.1-01		蓝碳生态系统碳库动态监测与评估技术规程：总则	HY/T
2	19.B.1-02		蓝碳生态系统碳库动态监测与评估技术规程：海草床	HY/T
3	19.B.1-03		蓝碳生态系统碳库动态监测与评估技术规程：红树林	HY/T
4	19.B.1-04		蓝碳生态系统碳库动态监测与评估技术规程：滨海湿地	HY/T
5	19.B.1-05		蓝碳生态系统碳库动态监测与评估技术规程：海藻床	HY/T
6	19.B.1-06		蓝碳生态系统碳库动态监测与评估技术规程：牡蛎礁	HY/T
7	19.B.1-07		蓝碳生态系统碳库动态监测与评估技术规程：柽柳	HY/T
8	19.B.1-08		蓝碳生态系统碳库动态监测与评估技术规程：互花米草	HY/T
9	19.B.1-09		蓝碳生态系统碳库动态监测与评估技术规程：无瓣海桑	HY/T
10		201612037-T	滨海湿地滩面沉积速率长期定位监测技术规程	HY/T
11		201612038-T	滨海湿地遥感调查技术规程	HY/T

附表 7 海洋资源生物碳库贡献动态监测与评估标准明细表

序号	标准体系编号	标准名称	性质与级别
1	19.B.2-01	海洋资源生物碳库贡献动态监测与评估技术规程：总则	HY/T
2	19.B.2-02	海洋资源生物碳库贡献动态监测与评估技术规程：大型藻类（筏式养殖）	HY/T
3	19.B.2-03	海洋资源生物碳库贡献动态监测与评估技术规程：紫菜	HY/T
4	19.B.2-04	海洋资源生物碳库贡献动态监测与评估技术规程：贝类（筏式养殖）	HY/T
5	19.B.2-05	海洋资源生物碳库贡献动态监测与评估技术规程：贝类（底播增殖）	HY/T
6	19.B.2-06	海洋资源生物碳库贡献动态监测与评估技术规程：海洋牧场	HY/T

附表 8 微型生物碳库贡献动态监测与评估标准明细表

序号	标准体系编号	标准名称	性质与级别
1	19.B.3-01	微型生物碳库贡献动态监测与评估技术规程：总则	HY/T
2	19.B.3-02	微型生物碳库贡献动态监测与评估技术规程：海洋细菌	HY/T
3	19.B.3-03	微型生物碳库贡献动态监测与评估技术规程：超微型浮游植物	HY/T

附表 9　温室气体排放监测标准明细表

序号	标准体系编号	标准号或标准项目号	标准名称	性质与级别
1	19.B.3-01	201612039-T	滨海湿地温室气体排放评估技术指南	HY/T
2	19.B.3-02	201612040-T	滨海湿地陆－气界面温室气体（CO2、水汽和CH4）通量监测技术规程	HY/T
3	19.B.3-03		二氧化碳排放监测技术规程	HY/T
4	19.B.3-04		甲烷监测技术规程	HY/T
5	19.B.3-05		氧化亚氮监测技术规程	HY/T

附表 10　蓝碳生态系统蓝碳计量标准明细表

序号	标准体系编号	标准号或标准项目号	标准名称	性质与级别
1	19.C.1-01		蓝碳生态系统蓝碳计量规程：总则	HY/T
2	19.C.1-02		蓝碳生态系统蓝碳计量规程：海草床	HY/T
3	19.C.1-03		蓝碳生态系统蓝碳计量规程：红树林	HY/T
4	19.C.1-04		蓝碳生态系统蓝碳计量规程：滨海湿地	HY/T
5	19.C.1-05		蓝碳生态系统蓝碳计量规程：海藻床	HY/T
6	19.C.1-06		蓝碳生态系统蓝碳计量规程：牡蛎礁	HY/T
7	19.C.1-07		蓝碳生态系统蓝碳计量规程：柽柳	HY/T

续表

序号	标准体系编号	标准号或标准项目号	标准名称	性质与级别
8	19.C.1-08		蓝碳生态系统蓝碳计量规程：互花米草	HY/T
9	19.C.1-09		蓝碳生态系统蓝碳计量规程：无瓣海桑	HY/T
10		HY/T 080-2005	滨海湿地生态监测技术规程	HY/T
11		HY/T 081-2005	红树林生态监测技术规程	HY/T
12		HY/T 083-2005	海草床生态监测技术规程	HY/T

附表 11　海洋资源生物蓝碳计量标准明细表

序号	标准体系编号	标准号或标准项目号	标准名称	性质与级别
1	19.C.2-01	201601007-T	养殖贝类碳汇蓝碳计量方法 碳储量变化法	HY/T
2	19.C.2-02	201601008-T	养殖大型藻类蓝碳计量方法 碳储量变化法	HY/T
3	19.C.2-03		海洋资源生物蓝碳计量技术规程：总则	HY/T
4	19.C.2-04		海洋资源生物蓝碳计量技术规程：大型藻类	HY/T
5	19.C.2-05		海洋资源生物蓝碳计量技术规程：紫菜	HY/T
6	19.C.2-06		海洋资源生物蓝碳计量技术规程：贝类（筏式养殖）	HY/T
7	19.C.2-07		海洋资源生物蓝碳计量技术规程：贝类（底播增殖）	HY/T
8	19.C.2-08		海洋资源生物蓝碳计量技术规程：海洋牧场	HY/T

附表 12 微型生物蓝碳计量标准明细表

序号	标准体系编号	标准名称	性质与级别
1	19.C.3-01	微型生物蓝碳计量技术规程：总则	HY/T
2	19.C.3-02	微型生物蓝碳计量技术规程：海洋细菌	HY/T
3	19.C.3-03	微型生物蓝碳计量技术规程：超微型浮游植物	HY/T

附表 13 蓝碳适应措标准明细表

序号	标准体系编号	标准号或标准项目号	标准名称	性质与级别
1	19.D.1-01	201612033-T	基于地埋管网的红树林可持续保育工程技术指南	HY/T
2	19.D.1-02		蓝碳适应措施：总则	HY/T
3	19.D.1-03		蓝碳适应措施：红树林生态海堤	HY/T
4	19.D.1-04		蓝碳适应措施：虾塘还林	HY/T
5	19.D.1-05		蓝碳适应措施：生物资源增殖	HY/T
6	19.D.1-06		蓝碳适应措施：环境影响评价	HY/T

附表 14　蓝碳生态系统增汇措施标准明细表

序号	标准体系编号	标准号或标准项目号	标准名称	性质与级别
1	19.E.1-01		蓝碳生态系统增汇措施技术规程：总则	HY/T
2	19.E.1-02		蓝碳生态系统增汇措施技术规程：海草床	HY/T
3	19.E.1-03		蓝碳生态系统增汇措施技术规程：红树林	HY/T
4	19.E.1-04		蓝碳生态系统增汇措施技术规程：滨海湿地	HY/T
5	19.E.1-05		蓝碳生态系统增汇措施技术规程：海藻床	HY/T
6	19.E.1-06		蓝碳生态系统增汇措施技术规程：牡蛎礁	HY/T
7	19.E.1-07		蓝碳生态系统增汇措施技术规程：环境影响评价	HY/T
8		HY/T 214-2017	红树林植被恢复技术指南	

附表 15　海洋生物资源增汇措施标准明细表

序号	标准体系编号	标准名称	性质与级别
1	19.E.2-01	海洋生物资源增汇措施技术规程：总则	HY/T
2	19.E.2-02	海洋生物资源增汇措施技术规程：大型藻类	HY/T
3	19.E.2-03	海洋生物资源增汇措施技术规程：紫菜（筏式养殖）	HY/T
4	19.E.2-04	海洋生物资源增汇措施技术规程：贝类（筏式养殖）	HY/T
5	19.E.2-05	海洋生物资源增汇措施技术规程：贝类（底播增殖）	HY/T
6	19.E.2-06	海洋生物资源增汇措施技术规程：海洋牧场	HY/T
7	19.E.2-07	海洋生物资源增汇措施技术规程：环境影响评价	HY/T

参考文献

1. 毕倩倩, 2013. 长江口及邻近海域~（234）Th/~（238）U 和~（210）Po/~（210）Pb 不平衡特征及其示踪颗粒有机碳输出. 华东师范大学.

2. 蔡立胜, 方建光, 梁兴明, 2003. 规模化浅海养殖水域沉积作用的初步研究. 中国水产科学, 10（4）:305-310.

3. 蔡祖聪, Arivn R.Mosier. 土壤水分状况对 CH_4 氧化, N_2O 和 CO_2 排放的影响 [J]. 土壤, 1999, 31（6）:289-294.

4. 池源, 石洪华, 王媛媛, 郭振, 麻德明, 2017. 海岛生态系统承载力空间分异性评估——以庙岛群岛南部岛群为例. 中国环境科学, 37, 1188-1200.

5. 崔万松, 2017. 南海北部真光层有机碳储量的遥感估算研究. 国家海洋局第二海洋研究所.

6. 董爱国, 2011. 黄、东海海域沉积物的源汇效应及其环境意义. 中国海洋大学.

7. 范航清, 邱广龙, 石雅君, 等. 中国亚热带海草生理生态学研究. 北京：科学出版社, 2011.

8. 高亚平, 方建光, 唐望, 张继红, 任黎华, 等. 桑沟湾大叶藻海草床生态系统碳汇扩增力的估算 [J]. 渔业科学进展, 2013, 34（1）:17-21.

9. 关道明. 中国滨海湿地 [M]. 海洋出版社, 2012.

10. 侯雪景, 2013. 南黄海海岸带和内陆架地质碳汇能力研究. 中国地质大学（北京）.

11. 贾明明.1973~2013 年中国红树林动态变化遥感分析 [D]. 博士学位论文. 北京：中国科学院大学, 2014.1–128.

12. 焦念志, 李超, 王晓雪 2016. 海洋碳汇对气候变化的响应与反馈.

地球科学进展, 31, 668-681.

13. 焦念志等, 2018, 蓝碳行动在中国. 科学出版社.

14. 焦念志, 梁彦韬, 张永雨等, 2018. 中国海及邻近区域碳库与通量综合分析. 中国科学: 地球科学.

15. 金亮, 卢昌义, 叶勇, 叶功福. 2013. 九龙江口秋茄红树林储碳固碳功能研究. 福建林业科技, 4: 7-11.

16. 李胜男, 周建, 魏利军, 孔繁翔, 史小丽, 2015. 淡水超微型浮游植物多样性及其研究方法. 生态学杂志, 34, 1174-1182.

17. 刘军, 于志刚, 臧家业, 孙涛, 赵晨英, 冉祥滨, 2015. 黄渤海有机碳的分布特征及收支评估研究. 地球科学进展, 30, 564-578.

18. 刘松林, 江志坚, 吴云超, 张景平, 赵春宇, 黄小平. 海草床沉积物储碳机制及其对富营养化的响应 [J]. 科学通报, 2017, 62（Z2）:3309-3320.

19. 刘燕山, 张沛东, 郭栋, 等. 海草种子播种技术的研究进展. 水产科学, 2014, 33:127–132.

20. 刘琼, 2013. 东海上层海洋有机碳储量的遥感估算方法研究. 武汉大学.

21. 马嫱, 2014. 中国边缘海 210Po、210Pb 地球化学行为及其应用.

22. 毛子龙, 杨小毛, 赵振业, 赖梅东, 等. 深圳福田秋茄红树林生态系统碳循环的初步研究 [J]. 生态环境学报, 2012（7）:1189-1199.

23. 莫竹承, 范航清. 红树林造林方法比较 [J]. 广西林业科学, 2001, 30（2）:73-75.

24. 邱广龙, 林幸助, 李宗善, 范航清, 等. 海草生态系统的固碳机理及贡献 [J]. 应用生态学报, 2014, 25（6）:1825-1832.

25. 石洪华, 王晓丽, 郑伟, 王媛 2014. 海洋生态系统固碳能力估算方法研究进展. 生态学报, 34, 12-22.

26. 石洪华, 王晓丽, 郑伟, 王媛. 海洋生态系统固碳能力估算方法研究进展 [J]. 生态学报, 2014, 34（1）: 12-22.

27. 石洪华等. 我国北方典型海岛生态系统固碳生物资源调查与承载力评估 [M]. 北京: 海洋出版社, 2017:29-41。

28. 宋金明, 李学刚, 袁华茂, 郑国侠, 杨宇峰 2008. 中国近海生物固碳强度与潜力. 生态学报, 28, 551-558.

29. 孙军，李晓倩，陈建芳，郭术津 2016.海洋生物泵研究进展.海洋学报，38, 1-21.

30. 唐剑武，叶属峰，陈雪初，杨华蕾，等.海岸带蓝碳的科学概念、研究方法以及在生态恢复中的应用 [J].中国科学：生命科学，2018，46（6）:661-670.

31. 仝川等，闽江河口潮汐沼泽湿地 CO_2 排放通量特征 [J].环境科学学报，2011，1（12）：2830-2840.

32. 王小华，陈荣华，赵庆英，陈建芳，冉莉华，Wiesner, 2014. 2009-2010 年南海北部浮游有孔虫通量和稳定同位素季节变化及其对东亚季风的响应.海洋地质与第四纪地质，103-115.

33. 程鹏飞，王金亮，王雪梅，徐申.森林生态系统碳储量估算方法研究进展 [J].林业调查规划,2009,34（06）:39-45.

34. 王敏，李贵才，仲国庆，周才平.区域尺度上森林生态系统碳储量的估算方法分析 [J].林业资源管理,2010（02）:107-112.

35. 刘学东，陈林，李学斌，樊瑞霞.草地生态系统土壤有机碳储量的估算方法综述 [J].江苏农业科学,2016,44（08）:10-16.

36. Wang Z，Granta R F，Arain M A，Chen B N，Coops N，Hember R，Kurzd W A，Pricee D T，Stinsond G，Trofymowd J A，Yeluripati J，Chen Z. Evaluating weather effects on interannualvariation in net ecosystem productivity of a coastal temperate forestlandscape: A model intercomparison. Ecological Modelling，2011，222（17）：3236-3249.

37. Mokany K,Raison R,Prokushkin A A.Critical analysis of root:shoot ratios in terrestrial biomes[J].Global Change Biology,2006,12（1）:84-96.

38. 王秀君，章海波，韩广轩.中国海岸带及近海碳循环与蓝碳潜力 [J].中国科学院院刊，2016，31（10）：1218-1225.

39. 于培松，2013.南极普里兹湾海洋沉积记录及其对气候变化的响应.中国科学院研究生院（海洋研究所）.

40. 张立浩，2015.台湾海峡 210Po 和 210Pb 分布特征及其对颗粒物输出的示踪.厦门大学.

41. 张莉，郭志华，李志勇.红树林湿地碳储量及碳汇研究进展 [J].应用生态学报，2013，24:1153–1159.

42. 张瑶，赵美训，崔球等，2017. 近海生态系统碳汇过程、调控机制及增汇模式. 中国科学：地球科学 47: 438-449.

43. 张永雨，张继红，梁彦韬等，2017. 中国近海养殖环境碳汇形成过程与机制. 中国科学：地球科学，（12）.

44. 章海波，骆永明，刘兴华，等. 海岸带蓝碳研究及其展望 [J]. 中国科学：地球科学，2015，45（11）:1641.

45. 郑凤英，邱广龙，范航清，张伟. 中国海草的多样性、分布及保护 [J]. 生物多样性，2013，21（5）:517-526.

46. 中国国家海洋局战略规划与经济司. 加强国际合作 促进蓝碳发展 [N]. 中国海洋报，2017-11-9（003）.

47. 周晨昊，毛覃愉，徐晓，等. 中国海岸带蓝碳生态系统碳汇潜力的初步分析 [J]. 中国科学：生命科学，2016，46（4）:475.

48. 柴雪良，张炳明，方军，et al. 乐清湾、三门湾主要滤食性养殖贝类碳收支的研究 [J]. 上海海洋大学学报，2006, 15（1）:52-58.

49. 陈泮勤. 地球系统碳循环 [M]. 科学出版社，2004.

50. 顾凯平，张坤，张丽霞. 森林碳汇计量方法的研究 [J]. 南京林业大学学报（自然科学版），2008, 32（5）:105-109.

51. 李昂，刘存歧，董梦荟，等. 河北省海水养殖贝类与藻类碳汇能力评估 [J]. 南方农业学报，2013, 7（7）:1201-1204.

52. 刘毅，张继红，房景辉，等. 桑沟湾春季海 - 气界面 CO_2 交换通量及其与养殖活动的关系分析 [J]. 渔业科学进展，2017, 38（6）:1-8.

53. 邱爽，龚信宝，张继红等. 桑沟湾养殖区春季 pCO_2 分布特征及影响机制 [J]. 渔业科学进展 2013, 34（1）: 31-37.

54. 宋金明 等. 中国近海与湖泊碳的生物地球化学 [M]. 科学出版社，2008.

55. 宋金明. 中国近海生态系统碳循环与生物固碳 [J]. 中国水产科学，2011, 18（3）:703-711.

56. 孙军. 海洋浮游植物与生物碳汇 [J]. 生态学报，2011, 31（18）:5372-5378.

57. 唐启升，方建光，张继红，等. 多重压力胁迫下近海生态系统与多营养层次综合养殖. 渔业科学进展，2013，（1）:1-11.

58. 张继红, 方建光, 唐启升. 中国浅海贝藻养殖对海洋碳循环的贡献. 地球科学进展, 2005, 20 (3): 359-365.

59. 张龙军. 东海海 - 气界面 CO_2 通量研究 [D]. 中国海洋大学, 2003.

60. 张明亮, 邹健, 毛玉泽. 养殖栉孔扇贝对桑沟湾碳循环的贡献 [J]. 渔业现代化, 2011, 38 (4): 13-16.

61. 曹磊, 宋金明, 李学刚, 袁华茂, 李宁, 段丽琴. 中国滨海盐沼湿地碳收支与碳循环过程研究进展. 生态学报, 2013, 33 (17): 5141-5152.

62. 张乔民. 海平面上升对红树林的影响. 中国红树林学术会议论文集摘要集, 2011.

63. 刘赛, 杨庶, 杨茜, 等. 桑沟湾沉积碳库年汇入速率的长期变化及其区域性差异 [J]. 海洋学报, 2018, 40 (1): 47-56.

64. Alongi D M. Mangrove forests: Resilience, protection from tsunamis, and responses to global climate change[J]. Estuarine, Coastal and Shelf Science, 2008 (76): 1-13.

65. AS Rovai, RR Twilley, E Castañedamoya, P Riul, M Cifuentesjara .Global controls on carbon storage in mangrove soils.Nature Climate Change, 2018, 8 (6).

66. Bai Y F, Han X G, Wu J G, Chen Z Z, Li L H.Ecosystem stability and compensatory effects in the Inner Mongolia grassland[J].Nature, 2004, 431 (7005): 181-184.

67. Behara Satyanarayana, Khairul Azwan Mohamad, Indra Farid Idris, MohdLokman Husain & Farid Dahdouh-Guebas.Assessment of mangrove vegetation based on remote sensing and ground-truth measurements at Tumpat, Kelantan Delta, East Coast of Peninsular Malaysia[J].International Journal of Remote Sensing, 2011, 32 (6): 1635–1650

68. Benner R, Amon R M, 2015. Te size-reactivity continuum of major bio-elements in the ocean. Annu. Rev. Mar. Sci. 7, 185–205.

69. Berger W H, Smetacek V S, Wefer G. Productivity of theOceans: Present and Past. Chichester: John Wiley & Sons, 1989: 471-471.

70. Bouillon S, Borges AV, Castaneda ME, et al. Mangrove production and carbon sinks: A revision of global budget estimates. Global Biogeochemical Cy-

cles, 2008, 22: 1- 12.

71. Campbell J E, Lacey E A, Decker R A, et al. Carbon Storage in Sea-grass Beds of Abu Dhabi, United Arab Emirates[J]. Estuaries & Coasts, 2015, 38（1）:242-251.

72. Charpy-Roubaud C, Sournia A.1990.The comparative estimation of phyto plank to nicandmicrophy to benthic production in the oceans.Mar Microb Food Webs, 4: 31–57.

73. Chmura G L, Anisfeld S C, Cahoon D R, Lynch J C. 2003. Global carbon sequestration in tidal, saline wetland soils. Glob Biogeochem Cycle, 17: GB001917.

74. Committee on Global Change. Toward an Understanding of Global Change. Washington, DC: National Academy Press, 1988:56-56.

75. DA Friess, DR Richards, VXH Phang. Mangrove forests store high densities of carbon across the tropical urban landscape of Singapore [J].Urban Ecosystems, 2016, 19（2）:795-810.

76. Duarte C M, Borum J, Short F T, Walker DI.2005b. Seagrass ecosystems:Their global statusand prospects.In: Polunin NVC, ed.Aquatic Ecosystems: Trends and Global Prospects. Cambridge: Cambridge University Press. 281–294.

77. Duarte C M, Marba N, Gacia E, Fourqurean J W, Beggins J, Barron C, ApostolakiET.2010.Seagrass community metabolism:Assessing the carbon sink capacity of seagrass meadows. Glob Biogeochem Cycle, 24: GB003793.

78. Duarte C M, Middelburg J, Caraco N. 2005a. Major role of marine vegetation on the oceanic carbon cycle. Biogeosciences, 2: 1–8.

79. Fan J W, Zhong H P, Harris W, Yu G R, Wang S Q, Hu Z M, Yue Y E.Carbon storage in the grasslands of China based on field measurements of above- and below-ground biomass.ClimaticChange, 2008, 86（3 /4）: 375-396.

80. Garrard S L, Beaumont N J. The effect of ocean acidification on carbon storage and sequestration in seagrass beds：a global and UK context.[J]. Marine Pollution Bulletin, 2014, 86（1-2）:138-146.

81. Giri C, Ochieng E, Tieszen L L, Zhu Z, Singh A, Loveland T, Masek J, Duke N. 2011. Status and distribution of mangrove forests of the world using

Earth observation satellite data. Glob Ecol Biogeogr, 20: 154–159.

82. Green E P, Short F T. 2003. World Atlas of Seagrasses. Berkeley: California University Press

83. Han G, Xing Q, Luo Y, et al. Vegetation Types Alter Soil Respiration and Its Temperature Sensitivity at the Field Scale in an Estuary Wetland[J]. Plos One, 2014, 9（3）:e91182.

84. Hansell D A, Carlson C A, Repeta D J et al, 2015. Dissolved organic matter in the ocean: A controversy stimulates new insights. Oceanography, 22（4）: 202-211.

85. Howard J, Hoyt S, Isensee K, et al. Coastal blue carbon: methods for assessing carbon stocks and emissions factors in mangroves, tidal salt marshes, and seagrasses[J]. Journal of American History, 2014, 14（4）:4-7.

86. Hu L, Shi X, Bai Y et al, 2016. Recent organic carbon sequestration in the shelf sediments of the Bohai Sea and Yellow Sea, China. Journal of Marine Systems, 155: 50-58.

87. J Howard , S Hoyt , K Isensee , M Telszewski , E Pidgeon. Coastal blue carbon: methods for assessing carbon stocks and emissions factors in mangroves, tidal salt marshes, and seagrasses[M]. Journal of American History, 2014 , 14（4）:4-7

88. Jiang Z, Liu S, Zhang J, et al. Newly discovered seagrass beds and their potential for blue carbon in the coastal seas of Hainan Island, South China Sea[J]. Marine Pollution Bulletin, 2017, 125（1-2）.

89. Jiao N Z, Herndl G J, Hansell D A, et al. 2010. Microbial production of recalcitrant dissolved organic matter: Long-term carbon storage in the global ocean. Nature Rev Microbiol, 8: 593–599

90. Jiao N, Wang H, Xu G, Aricò S. 2018. Blue Carbon on the Rise:Challenges and Opportunities National Science Review:nwy030-nwy030 doi:10.1093/nsr/nwy030

91. Kathilankal J C, Mozdzer T J, Fuentes J D, et al. Tidal influences on carbon assimilation by a salt marsh[J]. Environmental Research Letters, 2008, 3（4）:044010.

92. Kauffman JB, Hughes RF, Heider C. Carbon pool and biomass dynamics associated with deforestation, landuse, and agricultural abandon mentin the neotropics. Ecological Applications, 2009, 19: 1211–1222.

93. Kennedy H, Beggins J, Duarte C M, Fourqurean J W, Holmer M, Marba N, Middelburg JJ.2010.Seagrass sediment sasa global carbon sink: Isotopic constraints. Glob Biogeochem Cycle, 24: GB4026.

94. Kenworthy W J, Hall M O, Hammerstrom K K, et al. Restoration of tropical seagrass beds using wild bird fertilization and sediment regrading[J]. Ecological Engineering, 2018, 112:72-81.

95. Kirwan M L, Mudd S M. Response of salt-marsh carbon accumulation to climate change[J]. Nature, 2012, 489: 550–554

96. Krausejensen D, Duarte C M, 2016. Substantial role of macroalgae in marine carbon sequestration. Nature Geoscience, 9（10）.

97. Kuenzer C, Bluemel A, Gebhardt S, et al. Remote sensing of mangrove ecosystems: A review. RemoteSensing, 2011, 3: 878–928.

98. Lechtenfeld, O.J., Kattner, G., Flerus, R., McCallister, S.L., Schmitt-Kopplin, P., Koch, B.P., 2014. Molecular transformation and degradation of refractory dissolved organic matter in the Atlantic and Southern Ocean. Geochimica et Cosmochimica Acta 126, 321–337.

99. Li B, Liao CZ, Zhang X D, et al. Spartina alterniflora invasions in the Yangtze River estuary, China: an overview of current status and ecosystem effects. Ecol Eng, 2009, 35: 511–520 .

100. Liang Y, Zhang Y, Zhang Y, Luo T, Rivkin RB, Jiao N 2016. Distributions and relationships of virio- and pico-plankton in the epi-, meso- and bathy-pelagic zones of the Western Pacific Ocean. Fems Microbiology Ecology, 93.

101. Lindegaard C. The role of zoobenthos in energy flow in two shallow lakes[M].Nutrient Dynamics and Biological Structure in Shallow Freshwater and Brackish Lakes. Springer Netherlands, 1994:313-322.

102. Liu H, Tang Q S. Review on worldwide study of ocean biological carbon sink. Journal of Fishery Sciences of China, 2011, 18（3）:695-702.

103. Lovelock C E, Atwood T, Baldock J, et al. Assessing the risk of carbon dioxide emissions from blue carbon ecosystems[J]. Frontiers in Ecology & the Environment, 2017, 15.

104. Marschner P, Rengel Z. Nutrient Cycling in Terrestrial Ecosystems. Berlin: Springer-Verlag, 2007: 13-18.

105. Mcleod E, Chmura GL, Bouillon S, Salm R, et al. A blue print for blue carbon:to ward an improved understanding of theroleof vegetated coastal habitats in sequestering CO2. Front Ecol Environ, 2011, 9: 552–560.

106. Mcleod E, Silliman B R. Frontiers in Ecology and the Environment[J]. Frontiers in Ecology & the Environment, 2011, 9（10）:552-560.

107. Mikaloff-Fletcher S E, Gruber N, Jacobson A R, Doney S C, Dutkiewicz S, Gerber M, Follows M, Joos F, Lindsay K, Menemenlis D, Mouchet A, Müller S A, Sarmiento J L. Inverse estimates of anthropogenic CO2uptake, transport, and storage bythe ocean. Global Biogeochemistry Cycles, 2006, 20（2）: GB2002.

108. Mohammat A, Yang Y H, Guo Z D, Fang J Y. Grassland aboveground biomass in Xinjiang. Acta Scientiarum Naturalium Universitatis Pekinensis, 2006, 42（4）: 521-526.

109. Neubauer S C. Ecosystem Responses of a Tidal Freshwater Marsh Experiencing Saltwater Intrusion and Altered Hydrology[J]. Estuaries & Coasts Journal of the Estuarine Research Federation, 2013, 36（3）:491-507.

110. Pendleton L, Donato D C, Murray B C, et al. Estimating global "blue carbon" emissions from conversion and degradation of vegetated coastal ecosystems.[J]. Plos One, 2012, 7（9）:e43542.

111. Pendleton L, Donato D C, Murray B C, et al.Estimating Global "Blue Carbon" Emissions from Conversion and Degradation of Vegetated Coastal Ecosystems[J]. Plos one, 2012, 7（9）：43542.

112. Polimene, L., Rivkin, R.B., Luo, Y.-W., Kwon, E.Y., Gehlen, M., Peña, M.A. et al. 2018. Modelling marine DOC degradation time scales. National Science Review 5: 468-474.

113. Qiao C L, Li J M, Wang J H, Ge S D, Zhao L, Xu S X.Research

progress of carbon dioxide fluxes of alpine meadow ecosystems on the Tibetan Plateau.Journal of Mountain Science, 2012, 30（2）: 248-255.

114. Quay P D, Sommerup R, Westby T, Stutsman J, Mc Nichol A. Changes in the13C /12C of dissolved inorganic carbon in the oceanas a tracer of anthropogenic CO2uptake. Global BiogeochemicalCycles, 2003, 17（1）: 4-1-4-20.

115. Ray R, Ganguly D, Chowdhury C, et al. Carbon sequestration and annual increase of carbon stock in a mangrove forest[J]. Atmospheric Environment, 2011, 45（28）: 5016-5024.

116. Sandilyan S, Kathiresan K. Mangrove conservation: A global perspective. Biodiversity and Conservation, 2012, 21:3523 - 3542.

117. Shaler N S. Preliminary report on sea-coast swamps of the Eastern United States[M]. publisher not identified, 1886.

118. Silliman B R, Van d K J, Mccoy M W, et al. Degradation and resilience in Louisiana salt marshes after the BP-Deepwater Horizon oil spill[J]. Proceedings of the National Academy of Sciences of the United States of America, 2012, 109（28）:11234-9.

119. Smith P. An overview of the permanence of soil organic carbon stocks: influence of direct human-induced, indirect and natural effects. European Journal of Soil Science, 2005, 56 （5） :673-680.

120. Sun W J, Huang Y, Zhang W, Yu Y Q. Key Issues on soil carbon sequestration potential in agricultural soils. Advances in Earth Science, 2008, 23 （9） : 996-1004.

121. Tao S, Eglinton T I, Montluçon D B et al, 2016. Diverse origins and pre-depositional histories of organic matter in contemporary Chinese marginal sea sediments. Geochimica Et Cosmochimica Acta, 191: 70-88.

122. Twilley RR, Chen RH, Hargis T. Carbon sinks in man-grove forests and their implications to the carbon budget of tropical coastal ecosystems.Water, Air & Soil Pollu-tion, 1992, 64: 265 - 288.

123. Veldkamp E. Organic Carbon Turnover in Three Tropical Soils under Pasture after Deforestation[J]. Soil Science Society of America Journal, 1994, 58 （1） :175-180.

124. Wang, N., Luo, Y.W., Polimene, L., Zhang, R., Zheng, Q., Cai, R., and Jiao, N. （2018） Contribution of structural recalcitrance to the formation of the deep oceanic dissolved organic carbon reservoir. Environ Microbiol Rep.

125. Weston N B, Neubauer S C, Velinsky D J, Vile M A. Net ecosystem carbon exchange and the greenhouse gas balance of tidal marshesalong an estuarine salinity gradient[J]. Biogeochemistry, 2014, 120: 163–189

126. Xia B, Cui Y, Chen B et al, 2014. Carbon and nitrogen isotopes analysis and sources of organic matter in surface sediments from the Sanggou Bay and its adjacent areas, China. Acta Oceanologica Sinica, 33 （12）: 48-57.

127. Xie Z B, Zhu J G, Liu G, Cadish G, Hasegawa T, Chen C M, Sun H F, Tang H Y, Zeng Q. Soil organic carbon stocks in China and changes from 1980s to 2000s. Global Change Biology, 2007, 13 （9）: 1989-2007.

128. Yang H G, Wu B, Zhang J T, Lin D R, Chang S L. Progress of research into carbon fixation and storage of forest ecosystems[J].Journal of Beijing Normal University: Natural Science, 2005, 41 （2）: 172-177.

129. Yang Y H, Fang J Y, Peter S, Tang Y H, Chen A P, Ji C J, Hui H F, Rao S, Tan K, He J S. Changes in topsoil carbon stock in the Tibetan grasslands between the 1980s and 2004. GlobalChange Biology, 2009, 15 （11）: 2723-2729.

130. Yu W. Estimation and Determination of Carbon Fluxes on Three Interfaces of Western Arctic Ocean in Summertime ［D］. Beijing:Tsinghua University, 2010: 8-9.

131. Zuo P, Zhao S, Liu C, et al. Distribution of Spartina, spp. along China＇s coast[J]. Ecological Engineering, 2012, 40:160-166.

132. Bernstein L, Bosch P, Canziani O. IPCC Fourth Assessment Report: climate change 2007: synthesis report: summary for policymakers[J]. Intergovernmental Panel on Climate Change, 2007.

133. Cai W J, Dai M. Comment on "Enhanced open ocean storage of CO2 from shelf sea pumping" [J]. Science, 2004, 304 （5673）:1005-1008.

134. Chopin T, Buschmann A H, Halling C, et al. Integrating seaweeds into marine aquaculture systems: A key toward sustainability. Journal of Phycology, 2001, 37 （6）: 975-986.

135. Frankignoulle M , Canon C , Gattuso J P . Marine calcification as a source of carbon dioxide: Positive feedback of increasing atmospheric CO2[J]. Limnology & Oceanography, 2003, 39（2）:458-462.

136. Frankignoulle, Michel. A complete set of buffer factors for acid/base CO2 system in seawater[J]. Journal of Marine Systems, 1994, 5（2）:111-118.

137. Michel F, Borges A V. European continental shelf as a significant sink for atmospheric carbon dioxide[J]. Global Biogeochemical Cycles, 2001, 15（3）:569-576.

138. Nellemann C, Corcoran E, Duarte C M, et al. Blue Carbon[R/OL]. A rapid response assessment. united nations environment programme, GRID-Arendal, 2009.

139. Orr J C , Fabry V J , Aumont O , et al. Anthropogenic ocean acidification over the twenty-first century and its impact on calcifying organisms[J]. Nature, 2005, 437（7059）:681-686.

140. Qisheng Tang, Jihong Zhang, Jianguang Fang. Shellfish and seaweed mariculture increase atmospheric CO2 absorption by coastal ecosystems. Marine Ecology Progress Series, 2011，424: 97-104.

141. SMITH S V，KINSEY D W. Calcification and organic carbon metabolism as indicated by carbon dioxide ［M］／／STODDART D. R，JOHANNES R E （eds ）Coral reefs: research methods. UNESCO，Manila，1978，469-484.

142. Song J. Biogeochemical processes of biogenic elements in China marginal seas[M]. Springer-Verlag GmbH & Zhejiang University Press, 2010: 1-662.

143. Song J. Progress in the studies of marine biogeochemical process in China[R] China Meteorolgical Press, 1999: 73–84.

144. Troell M, Joyce A, Chopin T, et al.Ecological engineering in aquaculture- Potential for integrated multi-trophic aquaculture （IMTA） in marine offshore systems. Aquaculture, 2009, 297（1-4）: 1-9.

145. Guo H Q，Noormets A，Zhao B，Chen J Q，Sun G，Gu Y J，Li B，Chen J K. Tidal effects on net ecosystem exchange of carbon in an estuarinewetland. Agricultural and Forest Meteorology，2009，149（11）: 1820-1828.

146. Janssens I A，Ceulemans R. Spatial variability in forest soil CO2efflux assessed with a calibrated soda lime technique. Ecology Letters，1998，1（2）: 95-98.

147. Field C. Impacts of expected climate change on mangroves. Hydrobiologia, 1995, 295: 75-81.

148. Chen B, Yu W, Liu W, et al. An assessment on restoration of typical marine ecosystems in China-Achievements and lessons. Ocean & Coastal Management, 2012, 57: 53-61.

149. Chen L, Wang W, Zhang Y, et al. Recent progresses in mangrove conservation, restoration and research in China. Journal of Plant Ecology, 2009, 2: 45-54.

150. Lovelock C E, Ellison J C. Vulnerability of mangroves and tidal wetlands of the Great Barrier Reef to climate change. In: Johnson, J.E., Marshall, P.A. （Eds.）, Climate Change and the Great Barrier Reef: A Vulnerability Assessment. Great Barrier Reef Marine Park Authority and Australian Greenhouse Office, Australia, 2007, 236-269.

151. Yan Bai，Wei-Jun Cai，Xianqiang He，Weidong Zhai，Delu Pan，Minhan Dai，Peisong Yu，A mechanistic semi-analytical method for remotely sensing sea surface pCO2 in river-dominated coastal oceans: A case study from the East China Sea，J. Geophys. Res. Oceans，2015，（120）：2331-2349.

152. Song X,Bai Y,Cai W, et al. Remote sensing of sea surface PCO2 in the bering sea in summer based on a mechanistic semi-analytical algorithm（mesaa）[J]. Remote Sensing, 2016, （8）: 558.

153. Le, C., Gao, Y., Cai, W., Lehrter, J., Bai, Y., & Jiang, Z. （2019）. Estimating summer sea surface pCO2 on a river-dominated continental shelf using a satellite-based semi-mechanistic model. Remote Sensing of Environment,, 115-126.

154. Cui, Q., He, X., Liu, Q., Bai, Y., Chen, C. - T. A., Chen, X., & Pan, D. （2018）. Estimation of lateral DOC transport in marginal sea based on remote sensing and numerical simulation. Journal of Geophysical Research: Oceans, 123, 5525–5542.

155. Li Teng,Bai Yan,He Xianqiang, et al. The relationship between POC

export efficiency and primary production: opposite on the shelf and basin of the northern South China Sea[J]. Sustainability, 2018a, 10（10）,3534.

156. Li, T., Bai, Y., He, X., Xie, Y., Chen, X., Gong, F., & Pan, D.（2018b）. Satellite‐based estimation of particulate organic carbon export in the northern South China Sea. Journal of Geophysical Research: Oceans, 123, 8227–8246.

157. Siegel D A,Buesseler K O,Doney S C, et al. Global assessment of ocean carbon export by combining satellite observations and food-web models[J]. Global Biogeochemical Cycles, 2014,（28）: 181~196.

158. Behrenfeld M J,Falkowski P G. A consumer's guide to phytoplankton primary productivity models[J]. Limnology and Oceanography, 1997,（42）: 1479~1491.

159. Lee Z P,Carder K L,Marra J, et al. Estimating primary production at depth from remote sensing[J]. Applied Optics, 1996,（35）: 463~474.

160. Behrenfeld M J,Boss E,Siegel D A, et al. Carbon-based ocean productivity and phytoplankton physiology from space[J]. Global Biogeochemical Cycles, 2005,（19）: GB1006.

161. Stramski D,Reynolds R A,Kahru M, et al. Estimation of particulate organic carbon in the ocean from satellite remote sensing[J]. Science, 1999,（285）: 239~242.

162. Liu Dong,Bai Yan,He Xianqiang, et al（2019a）. Satellite estimation of particulate organic carbon flux from Changjiang River to the estuary. Remote Sensing of Environment, 223, 307-319.

163. Liu Dong,Bai Yan,He Xianqiang, et al（2019b）. Satellite-derived particulate organic carbon flux in the Changjiang River through different stages of the Three Gorges Dam. Remote Sensing of Environment, 223, 154-165.

164. Dai, M., Z. Cao, X. Guo, W. Zhai, Z. Liu, Z. Yin, Y. Xu, J. Gan, J. Hu and C. Du（2013）. "Why are some marginal seas sources of atmospheric CO2?" Geophysical Research Letters 40（10）: 2154-2158.

165. Liu, Q., D. Pan, Y. Bai, K. Wu, C. A. Chen, Z. Liu and L. Zhang（2014）. "Estimating dissolved organic carbon inventories in the East China Sea using remote‐sensing data." Journal of Geophysical Research 119（10）: 6557-6574.